思考理科

なぜ？からはじめよう SDGs

④

国語の力が身につく理科

藤嶋昭（東京理科大学 栄誉教授）監修
田中幸／結城千代子 著

東京書籍

もくじ

◯の数字はＳＤＧｓの中の関連する番号になっているよ

1 理科の春物語

- 梅や桜の花は葉っぱが出る前に咲くのはどうして？ ⑮ …… 10
- タケノコはどうしてあんなに早く伸びるの？ ⑮ …… 15
- タンポポはどうしてあんな綿毛ができるの？ ⑮ …… 21
- 黒い色の服はどうして暖かいの？ …… 27
- アブラムシはどうして枝にびっしりいっぱいつくの？ ⑮ …… 33
- 葉っぱはどうして緑色なの？ ⑮ …… 39
- 虹色のシャボン玉はなぜ割れる直前になると透明になってしまうの？ …… 44
- どうして梅雨の時期は雨ばかり降るの？ ⑬ …… 48

2 理科の夏物語

- 夏、犬を散歩させるとき、どうして道路の熱さに気をつけなければならないの？……56
- 同じゴーヤーのタネをまいたのに、一週間遅くまいたほうが早く伸びてきたのはなぜ？……60
- 夏のジュースのコップや冷蔵庫から出した卵が汗をかくのはなぜ？……65
- 注射はいやだけど、似ている水鉄砲は楽しい。水鉄砲はなんで水を飛ばせるの？⑨……70
- 丸まるダンゴムシと丸まらないダンゴムシがどうしているの？⑮……76
- 水にもジュースにもアイスコーヒーにも必ず氷が浮くのはどうして？……81
- ブルーベリージャムがついたハンカチを石けんで洗ったら変な色になったのはなぜ？……87

・なぜ海の水はしょっぱいの？ ⑭ …… 92

3 理科の秋物語

・夏が終わるとネコの毛がよく抜けるのはなんで？ ⑮ …… 98
・スポーツにも理科は大事。運動会の競技「台風の目」は、どうしたら勝てるの？ ⑯ …… 103
・台風の目が来ると風や雨が治まるのはどうして？真ん中ならばいちばん強そうなのに ⑬ …… 108
・飛行機雲がいっぱいできるのはどんなとき？ ⑬ …… 113
・夕日が山に沈むとき、山の下にある向こうの町は燃えないの？ …… 118
・生き物の命を支える木の実。どんぐりにいろんな形があるのはどうして？ ⑮ …… 123

・太陽の黒点と月の黒いところは違うの？ ④ …… 127

・ウイルスってなんですか？ ばい菌とは違うの？ ワクチンってなんですか？ ③ …… 131

4 理科の冬物語

・雪ウサギはどうして消えちゃうの？ ⑥⑬ …… 138

・風邪をひくとどうしてのどが痛くなったり、鼻水や咳が出たりするの？ ③⑨ …… 143

・冬、寒いときに息が白くなるのはなぜ？ やかんの湯気は熱いのに、冬の白い息は熱くないのはなぜ？ ⑰ …… 147

・毎年白鳥が同じ水辺にやってくるのは、みんなでえさをやっているから？ なぜ季節が変わると飛んで行ってしまうの？ ⑮ …… 152

・逆上がりしたとき、おなかが熱くなるのはなぜ？……157
・冬のタンポポの葉は、どうして地面に張りついているの？……163
・フリースの帽子を脱いだとき、なぜ顔に髪の毛がくっつくの？……167
・大きなマグカップになみなみと入っているココアは、どうしてなかなか冷めないの？……172
・ストーブの上の景色がゆらゆらして見えるのは、夏の道路のゆらゆらと同じ？……177
索引……182
おとなのかたへ……188

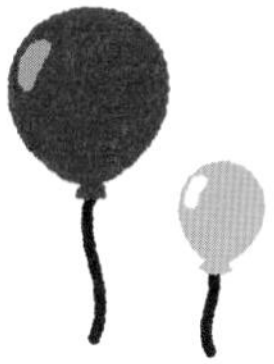

SDGs17の目標

(→第1巻にくわしく書いてあります)

国連SDGs公式サイト（英語）
https://www.un.org/sustainabledevelopment/

はじめに

理科で伝《つた》えたいことも、文学作品《ぶんがくさくひん》と同じように文章《ぶんしょう》で表現《ひょうげん》します。文学作品は、読み手によっていろいろな解釈《かいしゃく》ができますが、理科の文章は、誰《だれ》がいつどこで読んでも同じ内容《ないよう》が伝わることが重要《じゅうよう》になってきます。実験《じっけん》の場合は、読み手が同じ実験を行えるように書き記す必要《ひつよう》があります。

また、文学作品を理科の視点《してん》で読んでみると、それはそれでおもしろいものです。歌人や俳人《はいじん》、小説家《しょうせつか》が理科を意識《いしき》して書いているわけではないのでしょうが、鋭《するど》く観察《かんさつ》していることは確《たし》かだとわかります。

理科と国語の関《かか》わりはとても深《ふか》く、お互《たが》いが高め合っていく関係《かんけい》と言えるかもしれません。そしてこの本ではSDGs《エスディージーズ》に関わる話をところどころで取《と》り上げています。理科の学びを通してSDGsへの理解《りかい》が深まることも願《ねが》っています。

（著者《ちょしゃ》より）

1

理科の春《はる》物《もの》語《がたり》

梅《うめ》や桜《さくら》の花は葉《は》っぱが出る前に咲《さ》くのはどうして？

春です。ひかるくんは高学年になったので、一年生にいろいろなことを教えてあげたいなとはりきっています。学校までの道の歩き方や、校舎《こうしゃ》の中の音楽室や保健室《ほけんしつ》の場所《ばしょ》、校庭《こうてい》で遊《あそ》ぶときの約束《やくそく》など、一年生はまだよく知りません。

「なんでも聞いていいよ。」胸《むね》を張《は》ったひかるくんに、一年生のじうちゃんが尋《たず》ねました。

じう「学校の隣《となり》にある桜がとってもきれいです。でも、花だけ咲いて、葉っぱがないのはなぜですか。」

先生に尋ねるときのようにていねいに質問《しつもん》されたひかるくんは、いっしょうけんめ

い考えました。

ひかる「花が散《ち》ると、後からちゃんと葉っぱが出てくるから、安心《あんしん》してね。」

じう「それはどうして？　チューリップは葉っぱが出てから花が咲くよ。」

そういえば、梅の花も後から葉っぱが出てきます。でも、夏に咲くキョウチクトウやサルスベリは、緑の葉っぱがある木に花が咲きます。なるほどと自分も不思議《ふしぎ》に思ったひかるくんは、じうちゃんと先生のところに行って、いっしょにお話を聞きました。

先生「それはたくさんの花粉《かふん》をほかの花に届《とど》けるためでしょう。葉っぱが出る前に花を咲かせると、花粉を運《はこ》んでくれる虫の目を引きやすくなりますからね。こういう花を虫媒花《ちゅうばいか》、鳥が運んでくれる場合は鳥媒花《ちょうばいか》、あわせて動物媒花《どうぶつばいか》といいます。」

先生のお話に、ひかるくんは冬が終《お》わったばかりの季節《きせつ》は、虫や鳥も、夏ほど元気に動《うご》いていないことを思い出しました。

ひかる「夏は虫もいっぱいいるから、そんなに心配《しんぱい》しないでも平気《へいき》ということですか。」

先生「長い進化《しんか》の間にそういう性質《せいしつ》を身《み》につけていったのでしょう。なぜそうなったのか、理由《りゆう》を知ることはできませんが、春には花のあとから葉っぱが出る木が多いので、そう考えられていますよ。」

ひかる「そうか。あ、それに葉っぱがないと風通しがよくなるから、もしかしたら風も花粉をたくさん運べるからかもしれない。」

　ひかるくんが自分の考えを言うと、先生はよく気がつきましたねとうなずきました。

先生「風に花粉を運んでもらうのは風媒花《ふうばいか》です。これらの花は、前の年にすでに花の芽《め》が用意《ようい》されていて、春先に花が咲き、夏に実《み》をつけ、タネを残《のこ》します。花が遅《おそ》く咲いていては時間が足りないので、葉が伸《の》びるのを待《ま》たずに花を咲かせるとも考えられます。でも、同じ桜の仲間《なかま》でも、ヤマザクラのように葉と花が同時に出たり、葉が先に出るものもあるので、植物によって、それぞれ自分に役立《やくだ》つ方法《ほうほう》を選《えら》んで進化してきたのでしょう。」

じう「進化ってなんですか。」

先生「じうさん、難《むずか》しいけれど、いい質問ですね。生き物《もの》は、その姿《すがた》や性質を、長い年月をかけて、変化《へんか》させています。ただ、変化するのではなくて、生き残れるように、子孫《しそん》をたくさん残《のこ》せるようにと変《か》わっていくのが進化です。逆《ぎゃく》に、厳《きび》しい環境《かんきょう》の中で、それに合わせて進化できたからこそ、生き残ったと言えるかもしれません。たとえばキリンの首は長いのですが、はじめから長かったわけではありません。首が長めのキリンと短《みじ》かめのキリンがいたのでしょう。首が長めのキリンのほうが、木の上のほうの葉っぱをたくさん食べられます。また、遠くが見渡《みわた》せるので、猛獣《もうじゅう》が近づいてきたらすぐわかります。こうして、首が長めのキリンが生き残り、首が長めのキリン同士《どうし》お父さんとお母さんになって、子どもができて、次第《しだい》にキリンはみんな首が長くなったと想像《そうぞう》できますね。」

ひかる「へえーっ、進化っておもしろいですね。」

じう「私《わたし》も進化したのかな？」

コラム

梅も桜も私《わたし》たちに春を告《つ》げてくれる花として、昔《むかし》から文学作品《ぶんがくさくひん》や絵画、音楽、織物《おりもの》や装飾《そうしょく》に、食事《しょくじ》のメニューのランクの名前にまで広く題材《だいざい》とされてきました。たとえば、今は童謡《どうよう》として知られている「さくら」をご存《ぞん》じですか。「(1番) さくら さくら のやまも さとも みわたすかぎり かすみかくもか あさひににおう さくら さくら はなざかり (2番) さくら さくら やよいのそらは みわたすかぎり かすみかくもか においぞいずる いざや いざや みにゆかん」。これはもともとは江戸時《えどじ》代《だい》の末期《まっき》に琴《こと》の曲《きょく》として作られたものです。

みなさんが公園などでお花見をするときに広く見られる種類《しゅるい》「ソメイヨシノ」*は、江戸時代後期に開発《かいはつ》され広まったものでした。もしかしたらその美《うつく》しさを曲に残そうとしたのかもしれませんね。

*ソメイヨシノについては第《だい》1巻《かん》の56ページを参照《さんしょう》

タケノコはどうしてあんなに早く伸《の》びるの？

あいこさんのおばあさんのおうちには、竹林があります。タケノコが出《で》始《はじ》めると、「タケノコ掘《ほ》りにおいで」と言われるのが、あいこさんはとても楽しみです。

今年もタケノコの季《き》節《せつ》になりました。

あいこ「おばあちゃん、こんにちは。タケノコ掘りにきました。」

おばあさん「待《ま》っていたよ。タケノコはすぐ伸びてしまうから、気が気じゃなかったよ。」

あいこ「タケノコって、そんなに早く伸びるの？　どうして早く伸びるの？」

いっしょにタケノコを掘ることになっていた、わたるおじさんが教えてくれました。

わたる「タケノコは十日を過《す》ぎると竹になるといわれている。十日は一旬《いちじゅん》といって、一か月を十日ずつに三等分《さんとうぶん》した区切《くぎ》りを『旬《じゅん》』と呼《よ》び、上旬、中旬、下旬という言い方もあるよ。この『旬』で『竹』になるので、『筍《たけのこ》』という漢字《かんじ》になったという説《せつ》があるんだよ。」

あいこ「へえーっ、漢字の練習《れんしゅう》はいやだけど、意味《いみ》や成《な》り立ちがわかるのはおもしろいわ。」

わたる「タケノコはものすごく早く伸びていく。ほかの植物《しょくぶつ》と比《くら》べて特《とく》に早いと感《かん》じるけれど、それは『節《ふし》』がとても多いからだよ。」

あいこ「節って、竹の出っ張《ぱ》ったところ？」

わたる「そうだよ。実《じつ》は竹の仲間《なかま》以外《いがい》にも、イネの仲間の草は、同じようにとても早く伸びる。イネを育《そだ》ててみるときに、その成長《せいちょう》を、伸びの早さに注目《ちゅうもく》して観察《かんさつ》すると気がつくと思うよ。節が少ない分タケノコほど目立たないけれども、確《たし》かに早く伸《の》びるよ。」

あいこ「田植《たう》えはこれからだから、観察してみます。」

わたる「タケノコの成長は、つるを伸ばすアサガオには負《ま》けてしまうけれど、自立して伸びる草木の中では、いちばん早く成長するよ。では、いよいよ、どうして早く伸びるか、だ。草木の体は細胞《さいぼう》という、生き物《もの》の元である小さなかたまりでできている。」

あいこ「細胞って聞いたことがあります。」

わたる「細胞は育つと二つ以上に分かれて増《ふ》える。これを細胞分裂《さいぼうぶんれつ》と呼ぶよ。草木が育つとき、細胞分裂をはげしく行う成長点という部分《ぶぶん》があるんだ。ふつう、根や、茎《くき》の先端《せんたん》に成長点があって、元のほうに向《む》かって、どんどん細胞を増やしている。しかし、竹などの、早く育つ植物は、枝《えだ》の先端で伸びていくだけでなく、先端以外にも、各《かく》節のすぐ上に、盛《さか》んに細胞分裂を起《お》こす成長点があって、節ごとにぐんぐん伸びるんだ。だから、全体《ぜんたい》の成長が早いのだよ。1本の竹には節が60個《こ》あるといわれている。」

あいこ「60個の節の一つ一つが伸びるから、伸びが60倍《ばい》になるのね。」

わたる「その通りだよ。タケノコは1日に1メートル以上伸びることもある。とすると、単純《たんじゅん》に計算しても、15分で1センチメートル以上だ。学校に行くときに見て、帰りに見たら、はっきり伸びているということがわかるはずだよ。」

あいこ「ああら、大変《たいへん》！　じゃあ、早く掘らなくちゃ。」

わたる「ところで、タケノコは思わぬところからにょきにょき出てくるよ。道路《どうろ》のアスファルトまで押《お》し上げて顔を出すこともある。竹は、地下でつながっていて、地下《ちか》茎《けい》を伸ばして増えているんだ。孟宗竹《もうそうちく》の場合は、タケノコから50〜60日で成長が止まり、今度《こんど》は地下茎が成長する。地下茎も年間で数メートルも伸びる。地下茎を伸ばした後は、次《つぎ》のタケノコのためにひたすら栄養《えいよう》を蓄《たくわ》えるんだよ。」

あいこ「ところで、七夕《たなばた》のとき、おばあさんの竹林で切ってもらって短冊《たんざく》を下げていたのは、あれは竹だったの？　笹《ささ》じゃないの？　竹と笹って違《ちが》うの？」

わたる「竹と笹は別《べつ》の植物だよ。どちらもイネの仲間だけどね。いちばん簡単《かんたん》な見分け方は、竹はタケノコの皮《かわ》がどんどん落《お》ちていくけど、笹の似《に》たような皮はずっとついたままだよ。それから、竹は北海道のような寒冷地《かんれいち》では育たないけれど、笹は育つ。」

あいこ「えーっ、やっぱり笹じゃなくて竹だったんだ。毎年皮なんかなくてつるつるしているなあと思っていたから。」

わたる「あいこちゃん、大丈夫《だいじょうぶ》だよ。竹でも笹でも、あいこちゃんが心を込《こ》めて短冊にお願《ねが》いごとを書けば、天の神様《かみさま》はきっとかなえてくださるよ。」

あいこ「はい。今日はまずはタケノコ掘りだね。」

問い SDGs《エスディージーズ》の一つ「陸《りく》の豊《ゆた》かさも守《まも》ろう」では、生き物の多様性《たようせい》を守ることも大切であり、「飢餓《きが》をゼロに」では、地域《ちいき》に適《てき》した農作物《のうさくぶつ》を考える必要《ひつよう》があることを言っています。イネ科の植物はとても種類《しゅるい》が多く、食用になるものも多いのです。これを機会《きかい》にどんなイネ科の植物がどんな地域で育つことができるか、どんなふうに食べられるかを調《しら》べてみましょう。

答え 例《れい》：小麦もトウモロコシもイネ科の植物です。どちらも広い地域でさまざまな食品《しょくひん》になっています。

コラム

竹も日本を代表《だいひょう》する植物といっていいでしょう。梅《うめ》や桜《さくら》同様《どうよう》、昔《むかし》からさまざまなジャンルで愛《あい》されてきた題材《だいざい》です。みなさんは竹取物語《たけとりものがたり》をご存《ぞん》じでしょう。そうです、かぐや姫《ひめ》のお話です。平安時代《へいあんじだい》の初《はじ》めの頃《ころ》にはできていたと考えられていて、日本最古の物語と呼《よ》ばれています。

始《はじ》まりを少しだけご紹介《しょうかい》しましょう。「いまはむかし　竹取の翁《おきな》といふ者《もの》ありけり。野山にまじりて竹を取りつつ　よろづのことに使《つか》ひけり……。その竹の中に、もとひかる竹なむ一筋《すじ》ありける……」という古い言葉《ことば》で書かれています。竹の節と節の間に、かぐや姫が入っているのですが、竹は成長しやすく、節がある竹は、お話のとても良《よ》い舞台《ぶたい》になっています。

竹は、家屋《かおく》の土壁《つちかべ》や床材《ゆかざい》などの住宅用資材《じゅうたくようしざい》、かごやざる、花器《かき》などの日用品《にちようひん》、笛《ふえ》や尺八《しゃくはち》などの楽器、竹刀《しない》や弓《ゆみ》などの武道具《ぶどうぐ》として使われるなど、私《わたし》たちの生活や文化に根差《ねざ》した素材《そざい》だね。

タンポポはどうしてあんな綿《わた》毛《げ》ができるの？

春の初《はじ》め、黄色い花をつけ咲《さ》き誇《ほこ》っていたタンポポも、夏が近づくにつれ次第《しだい》に綿毛をつけるものが多くなってきました。タンポポはどうして綿毛をつけるのか、不思《ふし》議《ぎ》に思ったはるこさんは、植物園《しょくぶつえん》に行って、学芸員《がくげいいん》さんに聞いてみることにしました。

はるこ「タンポポはどうして綿毛をつけるのですか？」

学芸員さん「〝どうして〟には二つの意味がありますね。一つめは、〝なんのために〟、二つめは〝どのようにして〟です。はるこさんは、どちらが知りたいのかな。」

はるこ「うーん、両方《りょうほう》です。」

学芸員さん「では、まずタンポポはどんな植物なのか、お話ししましょう。タンポポはキクの仲間《なかま》です。

タンポポの花は、花びらのように見える1枚《まい》1枚が独立《どくりつ》した一つの花なのです。」

はるこ「そうなんですか。茎《くき》の先が一つの花だと思っていました。」

学芸員さん「タンポポは、小さな花が集《あつ》まって、一つの大きな花のように見せることで、虫の目にとまりやすくしているのかもしれません。

タンポポには、大きく分けて日本に昔《むかし》から生えている在来種《ざいらいしゅ》のニホンタンポポと、19世紀《せいき》末《まつ》以降《いこう》に渡来《とらい》した外来種のセイヨウタンポポがあります。ニホンタンポポは咲く時期《じき》が春に限《かぎ》られています。それに対《たい》してセイヨウタンポポは、ほぼ1年中花をつけます。したがってよく目にするのは、セイヨウタンポポか、ニホンタンポポと交雑《こうざつ》したものということになります。よく、外来種が在来種を絶滅《ぜつめつ》に追《お》い込《こ》んでいると思われがちですが、タンポポに限《かぎ》っていえば、そうでもありません。ニホンタンポポもがんばっています。」

はるこ「ニホンタンポポか、セイヨウタンポポか、見分けられますか。」

学芸員さん「交雑があって、見分け方は難《むずか》しくなっているのですが、茎と花のつなぎ目にあたる緑色《みどりいろ》の部分《ぶぶん》が反《そ》り返《かえ》っていないのがニホンタンポポ、反り返っているのがセイヨウタンポポです。

では、タンポポはどうして綿毛をつけるのか、という疑問《ぎもん》の答えですが、一つめの意味の〝なんのために〟の答えは、タネを、できるだけ多くできるだけ遠くに飛《と》ばすためです。フワフワした綿毛の一つについているちょっとふくらんだところがタネです。綿毛を持《も》つことで、風にのって遠くに飛んで行けます。飛んで行って地面《じめん》に落《お》ちれば、どこでも芽《め》を出し、花を咲かせることができます。こうして、子孫《しそん》を残《のこ》していくことができるのです。」

はるこ「コンクリートの道路《どうろ》の割《わ》れ目に、タンポポの花が咲いていることもありますね。」

学芸員さん「そうですね。ただし、これは、主《おも》にセイヨウタンポポの場合です。セイヨウタンポポは一つの花でタネができるので、どこに飛んで行っても芽を出すことができるのですが、ニホンタンポポは、ほかの株《かぶ》の花から花粉《かふん》をもらってタネを作るので、同じ仲間で集まって生えています。

二つめの意味の〝どのようにして〟の答えですが、イギリスの大学の研究者《けんきゅうしゃ》が、レーザー光を使《つか》い、綿毛のまわりを流《なが》れる空気が独特《どくとく》な渦《うず》を作ることを発見《はっけん》しました。綿毛には多くのすき間があり、このすき間の体積《たいせき》は全体《ぜんたい》の90パーセントもあります。このすき間を通り上向《うわむ》きに流れる空気が、綿毛との摩擦《まさつ》で回転《かいてん》して浮《う》き輪《わ》のような形の渦になり、綿毛を支《ささ》えているのだそうです。そして、綿毛は、湿《しめ》り気があると空気中の水分がくっついて重《おも》くなります。こうして、飛んだり、地面に落ちたりできるわけです。」

はるこ「うまくできているのですね。」

学芸員さん「植物は動物と違って移動《いどう》することができないので、タンポポに限らず、タネを遠くに運《はこ》ぶさまざまな工夫《くふう》をしています。〝どんぐり〟（123ページ）でもお話しするように、おいしい実《み》をつけて動物に食べてもらうのは、とてもいい工夫ですね。カタバミの実はポーンとはじけて遠くに飛んでいきます。オナモミは動物や人の服《ふく》にくっついて運んでもらいます。

ただ、植物が「こうしよう！」と思って工夫したわけではないので、植物の進化《しんか》の過程《かてい》で、自然環境《しぜんかんきょう》に適《てき》したタネだった植物が生き残ってきたといえます。

はるこさん、ほかにも、植物のタネにはどんな工夫があるのか、森や野原を観察《かんさつ》して考えてみましょう。」

はるこ「はい。いろいろ教えていただいて、ありがとうございました。」

問い 綿毛をつける植物は、タンポポのほかにはないか調べてみよう。

答え 木ではポプラがあります。草では、ノアザミ、ノゲシなど。

コラム

タンポポは、俳句《はいく》の季語《きご》ではもちろん春で、有名《ゆうめい》な俳人《はいじん》も詠《よ》んでいます。

「たんぽぽや　日はいつまでも　大空に」
中村汀女《なかむらていじょ》

「たんぽぽの　ぽぽのあたりが　火事《かじ》ですよ」坪内稔典《つぼうちねんてん》

一つめの句は、春になって日が長くなった様子《ようす》がよくわかる句ですが、二つめの句は、自由《じゆう》に解釈《かいしゃく》していいと作者自身《じしん》が言っています。みなさんはどのように解釈しますか。

「たんぽぽの　サラダの話　野の話」
高野素十《たかのすじゅう》

「あすが来て　ゐるたんぽぽの　花びらに」
三橋鷹女《みつはしたかじょ》

「たんぽぽの　井戸端会議《いどばたかいぎ》に　参加《さんか》する」
薮ノ内君代《やぶのうちきみよ》

「たんぽゝと　小聲《こごえ》で言ひてみて一人」
星野立子《ほしのたつこ》

「蒲公英《たんぽぽ》のかたさや海の日も一輪《いちりん》」
中村草田男《なかむらくさたお》

黒い色の服《ふく》はどうして暖《あたた》かいの？

あやさんは、春になると、どうしてみんな白い色の服を着《き》始《はじ》めるのかな、と気になりました。それで、服の博物館《はくぶつかん》に行って、学芸員《がくげいいん》さんに質問《しつもん》してみました。

あや「冬の間はみんな黒い服を着て、暖かくなると白い服を着るのはなぜですか。」

学芸員さん「それは、黒い色はたくさんの光を吸収《きゅうしゅう》するので暖かいからです。太陽《たいよう》の光は、虹《にじ》の七色の光が混《ま》ざって白くなっています。赤いリンゴは、七色のうち赤以外《いがい》の光を吸収します。そして赤色の光だけを反射《はんしゃ》するので赤く見えます。葉《は》っぱは、葉っぱの中で栄養《えいよう》を作る光合成《こうごうせい》に緑色《みどりいろ》の光をあまり使わないので、反射して緑色に見えます。」

あや「ものの色は、反射した光の色なのですね。リンゴが赤い光を出しているわけではないのですね。」

学芸員さん「その通りです。赤いリンゴに緑の下じきを通した光を当てると、緑の光は吸収されてしまうので、真《ま》っ黒に見えます。同じように、黒い色の服は、すべての色の光を吸収しているから、反射する光がないので、人の目に届《とど》く光がほとんどないのです。すると、人の目は〝光を受《う》け取《と》らない〟という知らせを脳《のう》に送《おく》るので、脳はそれが黒いと判断《はんだん》します。そして、光は、明るさとともに暖かさも運《はこ》びます。黒い服は、光の暖かさも全部《ぜんぶ》吸収するので暖かくなるのです。」

あや「あっ、私《わたし》、それでわかったことがあります。絵の具《ぐ》は、それぞれの色の光を反射してそれ以外は吸収しているのですよね。それで、絵の具の筆《ふで》を洗《あら》ったバケツの水は、いろいろな光を吸収して、黒っぽくなっていくのですね。」

学芸員さん「あやさん、すばらしい気づきですね。でも、黒く見えるものも、わずかながら光を反射しています。ほんとうの黒いものとは、これのことです。」

あや「これはなんですか？」

学芸員さん「針《はり》を千本束《たば》ねたものです。真上から見てみてください。」

あや「わっ、真っ黒です。どうしてですか。」

学芸員さん「とがった針を束ねると、真上から当たった光は反射をくり返《かえ》して奥《おく》へ奥へと入っていって、戻《もど》ってこられません。すると、目に届く光がまったくないので、これが真《しん》の黒ということになるのです。」

あや「なるほど。」

学芸員さん「では、今度《こんど》は、白いシャツについて考えてみましょう。」

あや「白いシャツは、逆《ぎゃく》にすべての色の光を反射するので、すずしいのですか。」

学芸員さん「その通りです。吸収する光がありませんから、白く見えて、そしてすずしいのです。」

あや「黒と白の中間の灰色《はいいろ》はどうなるのですか。」

学芸員さん「いい質問ですね。灰色もすべての色を反射しています。ただし、反射する程度《ていど》が、白の半分くらいです。つまり、すべての色を吸収しているともいえます。黒の半分くらいに……。洗濯機《せんたくき》の糸くずフィルターにたまった糸くずは、いろいろな色と白の糸が集《あつ》まって灰色に見えるのです。」

あや「なるほど、そうなんですね。」

学芸員さん「白と黒はまるで逆のようでいて、『すべての色を同じように』というところはそっくりなのです。それでは、透明《とうめい》なガラスはどうでしょう。平《たい》らなガラスは光を通して、ほとんど反射しませんから、ガラスそのものから私たちの目に届く光は、ほんの少しです。あることがわかる程度で、ほとんど見えない板《いた》です。また、ガラスは、目に見える光はほとんど吸収しません。ですから、ガラス窓《まど》の外の様子《ようす》はよく見えます。ただし、目に見えないけれども暖かさを運《はこ》ぶ光の赤外線は吸収するので、夏の太《たい》陽《よう》に照《て》らされた窓ガラスは、熱《あつ》くなっています。また、日焼《ひや》けになる紫外線《しがいせん》はある程度は防《ふせ》ぎます。」

あや「夜になると、ガラス窓が鏡《かがみ》のようになるのはどうしてですか。うちには、大きな鏡がなくて、大きなガラス窓がバレエのおけいこに便利《べんり》なのですが。」

学芸員さん「それは、外が暗《くら》くなるとガラス窓を通して光が入ってこなくなり、部屋《へや》の中は明るくてわずかながらもガラスの表面《ひょうめん》で反射している光が目に届くからですよ。」*

あや「なるほど。」

学芸員さん「でも、部屋の中から外の様子は見えないけれども、外からは丸見えなので、気をつけましょうね。」

あや「はい、大丈夫《だいじょうぶ》です。お庭《にわ》に面したガラス窓でやっています。色と光が切っても切れない大事《だいじ》な関係《かんけい》であることが、よくわかりました。ありがとうございました。」

問い

SDGs《エスディージーズ》の「気候変動《きこうへんどう》に具体的《ぐたいてき》な対策《たいさく》を」に対して、CO_2の排出量《はいしゅつりょう》を減《へ》らすために、いろいろな工夫《くふう》がされています。さまざまな国でエネルギーもクリーンにして、また使用量《しようりょう》も抑《おさ》えようとしています。その観点《かんてん》から、黒色と白色の特徴《とくちょう》の違《ちが》いは、どんな場面で利用できるだろうか、調《しら》べてみましょう。

答え

例《れい》：地面に黒いビニルシートを張《は》って暖め、作物《さくもつ》の生育《せいいく》を良《よ》くする。

＊透明《とうめい》なものの反射については第《だい》3巻《かん》31ページを参照《さんしょう》

アブラムシはどうして枝《えだ》にびっしりいっぱいつくの？

みいさんのお父さんは、バラ作りが趣味《しゅみ》です。けれども、毎年アブラムシに悩《なや》まされています。みいさんは、おとうさんの手助《てだす》けをするために昆虫博物館《こんちゅうはくぶつかん》に行って学《がく》芸員《げいいん》さんに聞いてみました。

みい「こんにちは、アブラムシについて知りたいのですが。」

学芸員さん「ようこそ、昆虫博物館にいらっしゃいました。アブラムシについて知りたいということは、おうちの人がバラを作っているのですか。」

みい「はい、よくわかりましたね。お父さんが趣味で育《そだ》てています。」

学芸員さん「ガーデニングや畑《はたけ》の作物《さくもつ》にめいわくなアブラムシは、バラの仲間《なかま》の植物《しょくぶつ》とともに、進化《しんか》してきたのですよ。」

みい「えーっ、そうなんですか。」

学芸員さん「アブラムシはふと気がつくと、花や木の枝先《えださき》にびっしりついていて、あまり気持《きも》ちのよい生き物《もの》ではありません。それもやわらかそうな新芽《しんめ》や、花のつぼみなどに集中《しゅうちゅう》してくっついています。植物がどんどん負《ま》けていってしまうので、見つけしだい、ティッシュなどで取《と》りますが、またすぐに増《ふ》えてしまいます。」

みい「そうなんです。お父さんも困《こま》っています。」

学芸員さん「とても小さいので見分けにくいのですが、アブラムシは足が6本ある、れっきとした昆虫です。それも、古生代《こせいだい》という、何億年《なんおくねん》も前から生き残《のこ》ってきている、ものすごく種類《しゅるい》の多い昆虫です。環境《かんきょう》に適《てき》したさまざまなタイプのアブラムシがいて、小さく、やわらかく、弱いくせに、したたかに繁殖《はんしょく》してきました。

アブラムシは長いくだのような口で、植物の汁《しる》を吸《す》って生きているので、新芽が大《だい》好《す》きで、前の年からの硬《かた》い葉《は》っぱにはつきません。」

みい「アブラムシといっしょにアリもいるのはなぜですか。」

学芸員さん「アブラムシのいる木の下は、べたべたしていませんか。それは、アブラムシがおしりから出す排泄物《はいせつぶつ》でもある蜜《みつ》のせいです。この蜜はアリの大好物《だいこうぶつ》で、それをめあてにアリが寄《よ》ってきます。アリはアブラムシよりは強いので、蜜をもらう代《か》わりにアブラムシを外敵《がいてき》から守《まも》っています。このような持《も》ちつ持たれつの関係《かんけい》を共生《きょうせい》といいます。

　アブラムシの一生はとても奇妙《きみょう》です。まず、春になると、メスとオスが協力《きょうりょく》して卵《たまご》を作ります。この卵からはメスばかりが生まれ、羽があって飛《と》んでいって植物につきます。すると、このメスから子どもができます。子どもといっても、オスは必要《ひつよう》なく、メスの中でできた卵を、メスだけで体内でかえすのです。つまりは、そのメスのコピーである子ども、言わばクローンが次々《つぎつぎ》に生まれてくるといっていいでしょう。」

みい「それで、アブラムシは急《きゅう》にたくさん増《ふ》えるのですか。」

学芸員さん「その通りです。秋になって、やっと、メスが作る卵の中からオスが生まれ、あらたにメスとオスの協力によってできた卵を、冬を越《こ》すために残します。このようにしてできる卵は、オスとメスの両方《りょうほう》の特性《とくせい》を受《う》け継《つ》ぎ、環境が変化《へんか》しても生き残れるチャンスが大きくなります。

越冬《えっとう》という厳《きび》しい時期《じき》には、オスとメスが協力するというめんどうな手順《てじゅん》をふんでも、生き残りやすい卵を作り、取りあえずわっと数を増やしたいときには、自分のクローンを次々に作る……アブラムシは大変ユニークな生活サイクルで生きています。」

みい「アブラムシのお話を聞いたら、駆除《くじょ》するのがかわいそうな気になってしまったのですが、やはりバラにたくさんつくのは困ります。どうしたら、いいですか。」

学芸員さん「もちろん、殺虫剤《さっちゅうざい》はありますが、水をスプレー容器《ようき》に入れて吹《ふ》きかけただけでも効果《こうか》があります。牛乳《ぎゅうにゅう》や洗剤《せんざい》を薄《うす》めたもののほうが、アブラムシを窒息《ちっそく》させる作用があるのですが、吹きかけた後に水で流《なが》さないと、植物本体が傷《いた》みます。歯《は》ブラシでこすって落《お》としたり、弱い粘着《ねんちゃく》テープでくっつけて捕《と》ったりするという手段《しゅだん》もあります。いずれにしても根気《こんき》がいる作業《さぎょう》になります。」

みい「いろいろ試《ため》してみます。ありがとうございました。」

問い

SDGs《エスディージーズ》の一つ「陸《りく》の豊《ゆた》かさも守ろう」では、生き物の多様性《たようせい》を守ることも大切であると言っています。生態系《せいたいけい》は一つ欠《か》けるとバランスが崩《くず》れます。また「飢《き》餓《が》をゼロに」では、農作物《のうさくぶつ》の増産《ぞうさん》や安定的《あんていてき》な生産が重要《じゅうよう》であり、そのためには殺虫剤も、遺伝子《いでんし》組み換《か》えをした作物も必要となってきます。人や環境への影響《えいきょう》を知ることも大事で、それぞれの立場で何が大切か、どんな問題《もんだい》があるか考えてみましょう。

答え

例《れい》：一つの方法《ほうほう》として、アイガモ農法《のうほう》があります。水を張《は》った田んぼにアイガモのヒナを放《はな》すことで、イネにとって有害《ゆうがい》な虫などを食べてくれるし、ヒナが泳《およ》ぎ回ることで除草《じょそう》もできます。

コラム

明治時代《めいじじだい》、岐阜在住《ぎふざいじゅう》の名和靖《なわやすし》さんは、農業の発展《はってん》のためには、昆虫学の研究《けんきゅう》は大切な事業《じぎょう》であると考え、独力《どくりょく》で昆虫研究所《けんきゅうじょ》を創立《そうりつ》しました。今も岐阜城《ぎふじょう》の近くに、名和昆虫博物館として見学できます。名和さんの随筆《ずいひつ》の一部《いちぶ》を紹介《しょうかい》します。

「バラの一株《ひとかぶ》―昆虫世界《せかい》より　1章《しょう》　―ふえるアブラムシ―

……わたしのおじいさんは、庭《にわ》で丹精《たんせい》こめて薔薇《ばら》を育てていたのですが、ある日、一株の新芽や花にたくさんの害虫《がいちゅう》がついているのを見つけたのです。それで、その害虫を駆除《くじょ》して、おじいさんを喜《よろこ》ばせようと思ったのですよ。週末《しゅうまつ》に実家《じっか》に帰るたびに駆除していたのですが獲《と》っても獲っても、一週間たつともういっぱいふえているのですよ。それで、ただ獲るだけではだめだ、根本的《こんぽんてき》に駆除する方法を考えなければと考えましてね。それには、まずは敵《てき》を良《よ》く知ること、薔薇にやってくる虫を観察《かんさつ》しようと思い立ったのです……」

葉《は》っぱはどうして緑《みどり》色《いろ》なの？

ケンさんは、スケッチをしていて、緑色の絵の具《ぐ》がずいぶん少なくなっていることに気がつきました。

ケン「あれっ、緑色で塗《ぬ》りたいところがまだあるけど、絵の具足りるかなあ。」

まき「足りなかったら、分けてあげるよ。」

ケン「ありがとう。それにしても、どうして春の葉っぱは緑色ばかりなのかなあ。緑の絵の具がすぐなくなっちゃう。」

まき「そうね。でも、秋になると、いろいろな色になるね。」

ケンさんとまきさんは、理科の先生に聞いてみました。

先生「春が深《ふか》まってくると、木々の緑が濃《こ》さを増《ま》していきますね。どうして葉っぱは緑色が多いのかという質問《しつもん》の答えですが、それは、葉っぱが緑色の光を必要《ひつよう》としないからです。」

ケン「緑の葉っぱは緑がいらないの？？？」

先生「森林や田畑《たはた》に、豊《ゆた》かに緑の葉が茂《しげ》っているのを見ると、草木は緑色の光を、いっぱい吸《す》い込《こ》んでいるような気がしますが、実《じつ》はまったくその逆《ぎゃく》です。ふつう、葉に限《かぎ》らず、物は、ぶつかってきた光を少しだけ吸い込み、残《のこ》りをあちこちに反射《はんしゃ》します。物が吸い込まないで反射した光の一部《いちぶ》が私《わたし》たちの目に入るので、その物がそれぞれの色で見えるのです。＊

草木が太陽《たいよう》の光を浴《あ》びて育《そだ》つことは知っていますね。葉っぱは、太陽の光のエネルギーを受《う》けとめ、さらに、息《いき》をして空気中の二酸化炭素《にさんかたんそ》を取《と》り込みます。葉の細胞《さいぼう》の中には、光をとらえるために、葉緑体《ようりょくたい》という小さな粒《つぶ》があります。さらに、この葉緑体の中にはクロロフィル（葉緑素）があります。
　葉は、葉緑体が吸い込んだ光のエネルギーを使《つか》って、水と、二酸化炭素から、炭水化物《たんすいかぶつ》を作り出しています。これを光合成《こうごうせい》といいます。光合成の担《にな》い手が葉緑体の中のクロロフィルなのです。光合成によってできる炭水化物は、生き物が生きるための、エネルギーのもとになります。」

ケン「デンプンですね。」

先生「その通りです。さて、このとき葉緑体が必要とするのは、七色が混《ま》ざった白い太陽光のうち、主《おも》に青紫《あおむらさき》と赤い色の光です。すなわち緑色の光ははね返《かえ》してしまうので、はね返された光が私たちの目に届《とど》き、葉っぱは「緑色」に見えるのです。若葉《わかば》の緑色が薄《うす》いのは、葉っぱの中の葉緑体がまだ少ないからです。

ケン「それでは、秋に葉っぱが赤や黄色になるのは、どうしてで

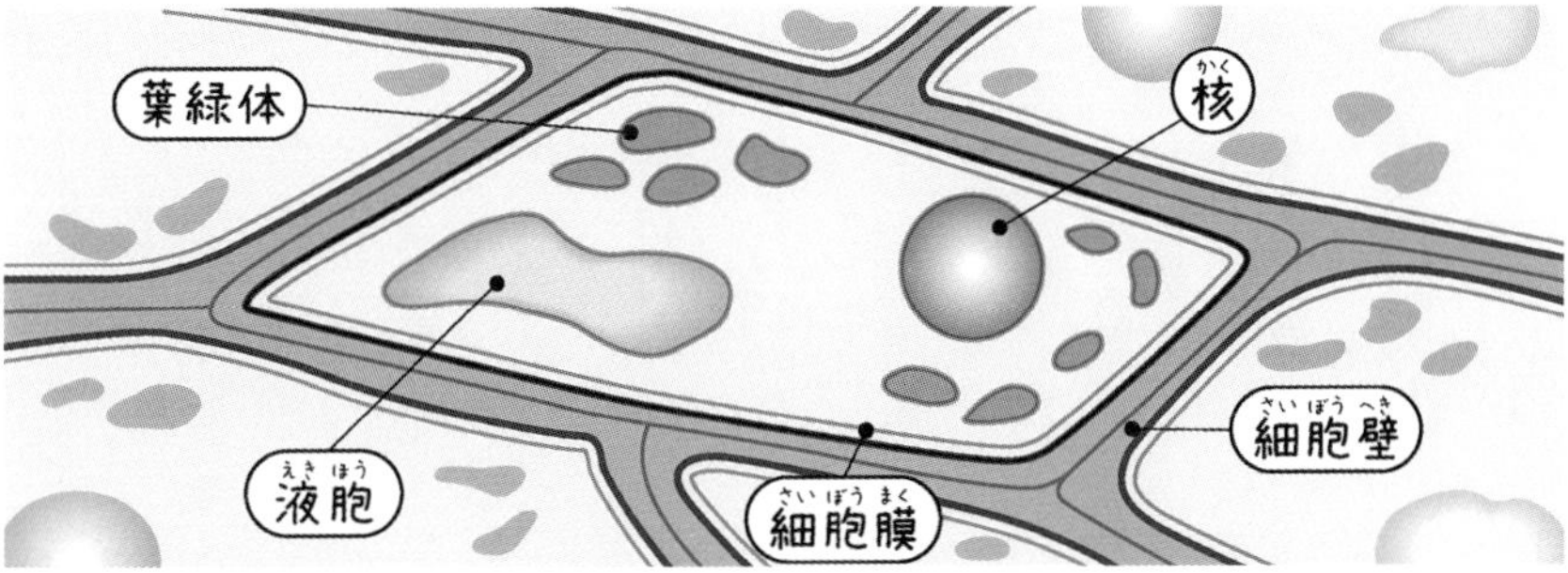

すか。」

先生「秋に葉っぱの色が変《か》わるのは、冬に葉を落《お》とすための準備《じゅんび》です。赤くなる葉と黄色くなる葉では、仕組《しく》みが違《ちが》っています。葉緑体は、緑色のクロロフィル（葉緑素）のほかに黄色のカロチノイドも含《ふく》んでいます。クロロフィルはカロチノイドよりもずっとたくさんあるので、黄色は目立たず、葉っぱは緑色に見えます。秋になって気《き》温《おん》が低《ひく》くなると、葉の働《はたら》きが弱まり、クロロフィルが壊《こわ》れます。そのため、クロロフィルに隠《かく》されていたカロチノイドの色が目立って黄色になります。イチョウやポプラの葉が、秋に黄色になるのはそのためです。

　赤くなる葉は、秋になると葉の付《つ》け根《ね》に『離層《りそう》』という仕切りができます。すると、水や栄養《えいよう》の行き来がなくなり、糖分《とうぶん》が葉にたまるようになります。この糖分に日光が当たると、赤い色のもとであるアントシアニンに変わるため、赤く色づきます。ちなみにアントシアニン**は、リンゴや、ぶどう、ブルーベリーなどの、赤や紫の色のもとと同じ仲間《なかま》です。

水や栄養が来なくなった葉っぱは、やがてすっかり枯《か》れて茶色になります。赤く色づいたり、茶色く枯れた葉は、最後《さいご》に、『離層《りそう》』のところで枝《えだ》から離《はな》れ落ちていきます。」

ケン「小さな葉っぱに、いろいろなドラマがあるみたいですね。」

先生「まあ、すてきな感想《かんそう》ね。」

問い 人工的《じんこうてき》に作ったものでは、緑色はどのような場面《ばめん》で使われていて、それはなぜか、調《しら》べてみよう。

答え 例《れい》：非常口《ひじょうぐち》の誘導灯《ゆうどうとう》　理由《りゆう》は火事《かじ》になったとき、炎《ほのお》が赤なのに対《たい》していちばん見えやすい色が緑だからです。ちゃんと「消防法《しょうぼうほう》」で色の基準《きじゅん》があります。

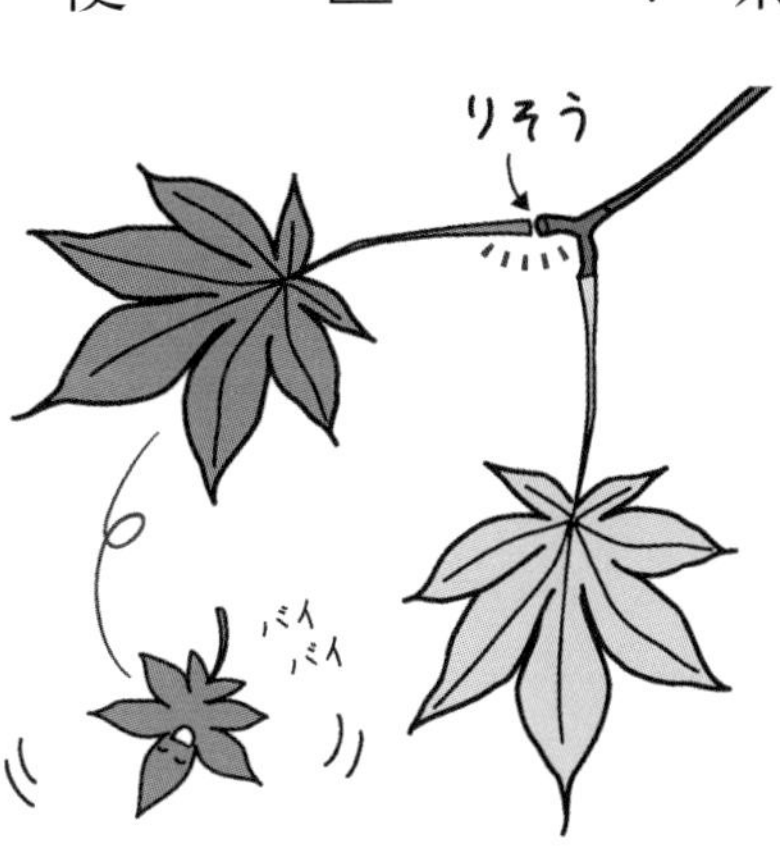

＊それぞれの色で見えることについては44ページを参照《さんしょう》

＊＊アントシアニンについてはハンカチの色変わり（87ページ）を参照

虹《にじ》色《いろ》のシャボン玉は なぜ割《わ》れる直前になると 透《とう》明《めい》になってしまうの？

今日は、理科の学習発表会《がくしゅうはっぴょうかい》です。それぞれのグループで調《しら》べたり、実験《じっけん》したりしたことをクラスのみんなに発表するのです。

ともこさん、みちおさん、しょうこさん、けんたくんのグループは、シャボン玉についての発表です。

ともこ「まず、シャボン玉液《だまえき》の作り方です。石けんや洗剤《せんざい》を水に溶《と》かせばいいのですが、割れにくくするには、洗濯《せんたく》のりや砂糖《さとう》、ガムシロップを加《くわ》えるとよいそうです。洗濯のりは、文字通りのりですから、割れにくくなるのは納得《なっとく》できますが、砂糖はどう

してか、調べてみました。砂糖は水と仲良《なかよ》くなりやすい性質《せいしつ》を持《も》っていて、シャボン玉の薄《うす》い膜《まく》の水分が蒸発《じょうはつ》してしまうのを抑《おさ》える働《はたら》きをするのだそうです。と、いうことは、逆《ぎゃく》に、シャボン玉が割れるのは、水分が蒸発するからだとわかりました。」

みちお「ぼくは、シャボン玉の色について発表します。シャボン玉はふくらんでいく間も、飛《と》んでからも、くるくる色が変《か》わり、虹色をしています。これは、シャボン玉の膜の中に入って出てくる光と、膜の表面《ひょうめん》で反射《はんしゃ》する光が重《かさ》なって、強め合ったり弱め合ったりするからです。膜の厚《あつ》さの分だけ、この2つの光の進《すす》み方がずれるために起《お》こります。この現象《げんしょう》を〝光の干渉《かんしょう》〟といいます。少し難《むずか》しいですが、七色の光のうち何色が強まるかは、シャボン玉の膜の厚さで決《き》まります。厚いところは赤、薄くなるにつれ黄、緑、青、紫《むらさき》と変化《へんか》します。膜の厚さは、シャボン玉の場所《ばしょ》によって違《ちが》いますし、浮《う》いている間にどんどん変化しているので、七色の光が、あちこちの部分《ぶぶん》で変わっていくように見えるのです。」

しょうこ「私《わたし》は、シャボン玉が割れるときのことを発表します。シャボン玉が割れるのは、ともこさんが発表したように、水分の蒸発も原因《げんいん》の一つですが、ほかにも、浮いている間に、シャボン玉液自身《じしん》の重《おも》みで液が底のほうにたまってだんだん膜全体《ぜんたい》が薄くなってしまうということも理由《りゆう》になります。どちらにしても、シャボン玉の膜が薄くなりすぎて割れるのです。膜が薄くなると、シャボン玉の膜に入って出てくる光と、表面で反射する光のずれが小さくなり、ついには、ずれがなくなります。光は干渉しなくなるのです。それで、強め合う色はなくなって、無色透明《むしょくとうめい》になり割れます。液の重みの分シャボン玉の上のほうは膜が薄いので、上から無色になっていきます。」

けんた「ぼくは、シャボン玉のほかには光の干渉がないか調べてみました。雨上がりの水たまりが虹色に見えるのは、水たまりの水の上にガソリンなどの油《あぶら》の膜があるからです。それから、CDの表面は虹色に見えます。CDの表面の凹凸《おうとつ》に光が斜《なな》めに当たって反射すると、凹凸ごとに膜と同じように光の進み方にずれが生じるからだそうです。ですから、干渉は膜ではなくても起こることがわかりました。それで、孔雀《くじゃく》とモルフォ蝶《ちょう》などの羽根《はね》が虹色に輝《かがや》くのも羽根の表面の凹凸のせいだそうです。」

ともこ「何か質問《しつもん》がありますか。」

クラス「あのー、そもそもシャボン玉ってどうして玉なんですか。」

けんた「それは、ぼくが調べました。シャボン玉の液は主《おも》に水です。水は表面張力《ひょうめんちょうりょく》が強いので、表面の面積《めんせき》を最小《さいしょう》にしようとして球《きゅう》になるのです。ここで、実験してみます。針金《はりがね》で立方体のわくを作ってシャボン玉液に入れると、こんな形の膜ができます。これで膜の面積が最小なのです。」

先生「とてもいい発表でした。科学というと、えらい科学者の人が難《むずか》しい研究《けんきゅう》をしているというイメージがありますが、ともこさんたちが、シャボン玉という身近《みぢか》なものについて、いろいろ考えたのもりっぱな科学です。がんばりましたね。」

どうして梅雨《つゆ》の時期《じき》は雨ばかり降《ふ》るの？

はるこ「梅雨になって、毎日毎日雨ばかり。お空のバケツがからになってしまわないか心配《しんぱい》だわ。」

はるお「どうして、梅雨になると毎日雨ばかり降るの？」

二人は、気象科学館《きしょうかがくかん》に行って、気象予報士《きしょうよほうし》さんに聞いてみました。

気象予報士「梅雨というのは、春から夏に移《うつ》る季節《きせつ》の中で、日本の上空に雨の降りやすい「梅雨前線《ばいうぜんせん》」がとどまって、雨の日が続《つづ》く期間のことです。天気の変化《へんか》を見守《みまも》っている気象庁《きしょうちょう》はこのような上空の様子《ようす》になってきて、雨の日が続き始《はじ》めると推測《すいそく》でき

ると、梅雨入りを宣言《せんげん》します。」

はるお「ばいうぜんせん？」

気象予報士「まず、雨をもたらす前線のお話をしましょう。

この天気図を見てください。円の中に『低』と書いてあるのは低気圧《ていきあつ》*です。そこから、しっぽのように延《の》びた線があります。」

はるこ「三角のトゲトゲと半円がついていて、レースのようになっていますね。」

気象予報士「この三角を寒冷前線《かんれいぜんせん》、半円を温暖前線《おんだんぜんせん》といいます。どちらも、暖《あたた》かい空気と冷《つめ》たい空気、乾《かわ》いた空気、湿《しめ》った空気といった、違《ちが》った状態《じょうたい》の空気のかたまりがぶつかっている、さかい目のことです。

暖かい空気は同じ体積《たいせき》あたりの重《おも》さが軽《かる》くなって上昇《じょうしょう》して、冷たい空気は同じ体積あたりの重さが重くなって下にいきます。

「寒《さむ》」く「冷」たい空気のかたまりの「前」面《めん》の「線」が、寒冷前線です。暖かい空気のかたまりに、冷たい空気がせまってきて下から潜《もぐ》り込《こ》みます。暖かい空気はさかい目で高いところに押《お》し上げられ、上空で急《きゅう》に冷《ひ》えて、どんどん雲が発達《はったつ》して、雨になります。

温暖前線では、冷たい空気の後ろから、暖かい空気がせまってきて、ゆっくりと上に乗《の》り上げ、昇《のぼ》っていきます。乗り上げた暖かい空気にそって、雲が広がり、雨になります。

どちらの前線も低気圧にくっついて動《うご》いていくだけではなく、だんだん西から東に回るように進《すす》んでいきます。温暖前線を寒冷前線が追《お》いかける形になっているものが多く、追いついて二つが重《かさ》なることもあります。これは閉塞前線《へいそくぜんせん》と呼《よ》ばれ、追いついて重なった様子を、半円と三角を交互《こうご》に同じ向《む》きに描《か》きます。

次に梅雨前線のように動かない前線はなぜできるのでしょう。

前線ですから、二つの空気のかたまりが出合うさかい目であることは変《か》わりません。温度《おんど》の差《さ》で、雲がたくさんでき、雨が降るのもいっしょです。違《ちが》うのは、この前線が動かず、上空に停滞《ていたい》している点です。動いていけば、雨が降っても、そのうちやんでくれるはずですからね。」

はるお「どうして動かないのですか。」

気象予報士「夏にかけての時期、日本の南の海上から、大きな空気のかたまりが、勢《せい》力《りょく》を増《ま》して広がろうとしてきます。「小笠原気団《おがさわらきだん》」といったように、空気のかたまりには名前がついています。それに対《たい》して、北にも二つ冬の名残《なごり》の気団が居《い》すわっています。北と南の気団のせめぎ合いがしばらく続いて、ここにできた前線は動かなくなります。このように動かない前線を、停滞前線と呼び、やはり、半円と三角を並《なら》べますが、こんなふうに交互に反対《はんたい》向《む》きに、まるで押し合っているように描かれます。

動かない前線は、春から夏への梅雨だけではなく暑《あつ》さと寒さが入れ替《か》わる秋にも、秋雨前線《あきさめぜんせん》となって、秋の長雨をもたらします。」

はるこ「梅雨が明けるときは、梅雨前線はどうなるのですか。」

気象予報士「南の気団が強くなって梅雨前線を押し上げ日本列島《にほんれっとう》を覆《おお》うと、お待《ま》ちかねの梅雨明けで、夏がやってきます。

梅雨の雨はうっとうしいですが、作物《さくもつ》には恵《めぐ》みの雨です。特に、イネが育《そだ》つには大切な時期であることも忘《わす》れないでくださいね。

それから、たくさんの雨が降ると、洪水《こうずい》になることがあります。おうちのまわりのハザードマップで、洪水が起《お》こりやすい場所《ばしょ》や避難場所《ひなんばしょ》を確認《かくにん》しておいてください。」

はるこ、はるお「はい、わかりました。ありがとうございました。」

問い　ＳＤＧｓ《エスディージーズ》の「気候変動《きこうへんどう》に具体的《ぐたいてき》な対策《たいさく》を」を考える上で、天気の規則性《きそくせい》や変化の原因《げんいん》を知るのはとても重要《じゅうよう》です。ふだんから、天気予報《てんきよほう》をよく聞いておきましょう。秋にも梅雨のように雨が続くときがあります。秋の前線を秋雨前線といいます。では、暑さと寒さが入れ替わるときになぜ動かない前線ができやすいのでしょうか。

答え　この時期に、北の冷たい気団と南の暖かい気団が、ちょうど日本の上空でせめぎ合うから。

＊低気圧が何かについては「台風の目」（１０８ページ）を参照《さんしょう》

暖気《だんき》
寒気《かんき》
雨
暖気《だんき》
寒気《かんき》
やまない
ナー

コラム

梅雨は日本の四季の中でも、特徴《とくちょう》のある時期です。

雨が降り続き、じめじめしてカビが生えやすく、草木がうっそうと茂《しげ》ってきます。

俳句《はいく》の季語にもなっていて、入梅《にゅうばい》前、梅《つ》雨《ゆ》盛《ざか》り、梅雨明けの様子をさまざまな言葉《ことば》で表《あらわ》します。いくつかご紹介《しょうかい》しましょう。

『五月雨《さみだれ》』梅雨は6月じゃないかなと思うかもしれませんが、暦《こよみ》が今と違《ちが》っていたときの名残です。

『ひでり梅雨』梅雨なのに日照《ひで》りとは不思《ふし》議《ぎ》ですが、これは空梅雨《からつゆ》ともいい、雨がほとんど降らない梅雨のことです。

『梅雨の月』や『梅雨の星』は、雨上がりに雲が切れて月や星が顔をのぞかせる美《うつく》しい情景《じょうけい》が思い浮《う》かびます。

梅雨の大雨は、災害《さいがい》を引き起こすこともあるけれど、農作物《のうさくぶつ》や夏の水不足《みずぶそく》に備《そな》えるための恵《めぐ》みの雨でもあるんだ

2

理科の夏《なつ》物《もの》語《がたり》

夏、犬を散歩《さんぽ》させるとき、どうして道路《どうろ》の熱《あつ》さに気をつけなければならないの？

さとさんは、毎朝早い時間に犬のタンタンを散歩させます。道路が熱くならないうちに散歩させるように、お母さんに言われるからです。どうして道路の熱さを気にしなくてはいけないのか、不思議《ふしぎ》に思ったさとさんは、かかりつけの獣医《じゅうい》さんに聞いてみました。獣医さんは、動物のお医者《いしゃ》さんのことです。

獣医さん「さとさん、毎朝お散歩させるのはえらいですね。真夏《まなつ》に海水浴《かいすいよく》に行くと、砂《すな》浜《はま》でビーチサンダルをはきますね。太陽《たいよう》に照《て》らされた砂浜はものすごく熱くなっていて、はだしで歩くと、足の裏《うら》が熱くて、ぴょんぴょんはねてしまいます。」

さと「でも、海の水は、同じように太陽に照らされているのに、そんなに熱くならないですよね。」

獣医さん「そうです。水は同じ熱をもらっても温まりにくく、砂は温まりやすいのです。」

さと「あっ、お母さんがよく言っています。やかんのお湯《ゆ》はなかなか沸《わ》かないけれど、天ぷら油《あぶら》はすぐ熱くなるから目が離《はな》せないって。天ぷら油も温まりやすいのですね。」

獣医さん「その通りです。温まりにくいものは、冷《さ》めにくいものでもあります。冬に使《つか》う湯たんぽの中にお湯を入れるのは、冷めにくいからです。

　夏の道路も砂浜と同じような状態《じょうたい》です。舗装《ほそう》された道路の表面温度《ひょうめんおんど》は、夏には60度《ど》くらいになります。熱いお風呂《ふろ》でも40度台で、55度にもなれば、30秒《びょう》もつかったらやけどします。人間は、靴《くつ》やサンダルをはいているので、路面の熱さは直接《ちょくせつ》足の裏に伝《つた》わりません。けれども、60度では、犬の足の裏はやけどに近い状態《じょうたい》になるでしょう。」

さと「うちのタンタンは、散歩のとき、必《かなら》ず道路の白線の上を歩くのですが……。」

獣医さん「それは、タンタンは賢《かしこ》いですね。けっこう白線の上を歩く犬はいますね。

同じ材料《ざいりょう》のものでも、色によって温まり方は違《ちが》います。これは、光の吸収《きゅうしゅう》の違いです。白いものは光を反射《はんしゃ》し、黒いものは光を吸収するからです。犬は、光の反射や吸収については知らないでしょうから、足の裏で触《ふ》れて、少しでも熱くないところを探《さが》して歩いているのかもしれませんね。(27ページ参照《さんしょう》)

それから、夏の犬の散歩でもう一つ心配《しんぱい》なのが熱中症《ねっちゅうしょう》です。人間は2足歩行ですから、歩いているとき上半身《じょうはんしん》は1メートルくらいは道路の面から離《はな》れています。また、まわりの空気は少ししか熱を伝えませんから、全身《ぜんしん》はそれほど熱くはなりません。

犬は4足歩行です。歩くと、体は熱い道路に近いところを移動《いどう》するわけですから、熱中症の心配があります。昼は、木かげのアスファルトもけっこう熱くなっています。特に犬は全身を毛でおおわれています。人間のように、汗《あせ》をかいて、体温を下げることができません。汗を出せる場所《ばしょ》が、足の裏にしかないからです。そのため、とても熱くなると、口を開《あ》け、ぬれた舌《した》を外に出して、ハアハアと息《いき》をして体温を下げます。これは、液体《えきたい》が気体になるときにまわりの熱を奪《うば》う気化熱《きかねつ》を利用《りよう》しているのですね。

（空気中の水分については第《だい》３巻《かん》１１９ページを参照）ところが、夏の暑い日はそれでは追《お》いつかず、簡単《かんたん》に熱中症になってしまうのです。

人間が感《かん》じる暑さと、体温を放散《ほうさん》できない犬の感じる暑さには、大きな違いがあります。人が暑くもなく寒《さむ》くもなく心地よいとき、犬はすでに暖《あたた》かく感じていて、人が暖かいなと思っているときには、犬にとってはもう暑いのです。逆《ぎゃく》に、犬は、寒そうに見えても一般的《いっぱんてき》には寒さには強いです。ただ、寒さに弱い犬種《けんしゅ》もいるので、寒さも気をつけましょう。

夏の散歩は、お母さんがおっしゃるように、早朝や日が落《お》ちた後がよいです。また、散歩時間の長さも気をつけてあげましょうね。また、タンタンのような毛の長い犬種は、毛を短《みじか》めにして、熱がこもらないようにするのもいいです。それから、人間でも、小さい子が夏の路面を長く歩くのが危険《きけん》なことは、言うまでもありません。」

同じゴーヤーのタネをまいたのに、一週間遅《おそ》くまいたほうが早く伸《の》びてきたのはなぜ？

最近《さいきん》、地球《ちきゅう》の温度《おんど》が上昇《じょうしょう》しているというニュースをよく聞きます。一方で、SDGs《エスディージーズ》の観点《かんてん》から節電《せつでん》も呼《よ》びかけられています。そこで、この問題《もんだい》の解決策《かいけつさく》として、グリーンカーテンがいいと聞いたルイさんは、ゴーヤーをベランダで育《そだ》てることにしました。早速《さっそく》タネをまいたのですが、プランターが足りませんでした。そこで、半分のタネをまいて、一週間後に、買い足したプランターに残《のこ》りのタネをまきました。ところが、一週間遅くまいたほうが早くぐんぐん伸びてきたのです。不思議《ふしぎ》に思ったルイさんは、園芸店《えんげいてん》の店員《てんいん》さんに聞きました。

店員「野菜《やさい》にはそれぞれ、好《この》む温度や光、土の種類《しゅるい》などがあります。タネは、発芽《はつが》に適《てき》した温度になったことを察知《さっち》して初《はじ》めて発芽します。そのため、発芽温度にならないのにタネをまいてもうまく発芽しません。また、朝晩《あさばん》は冷《ひ》え込《こ》み、昼間は暖《あたた》かくなるという毎日の温度《おんど》変化《へんか》のくり返《かえ》しが発芽をうながします。うまく発芽しても、育てるのに適した温度をはずれると、育つのが大きく遅れたり枯《か》れたりします。」

ルイ「ゴーヤーの場合は、どのくらいの温度がよいのですか。」

店員「ゴーヤーの発芽にちょうどいい温度は、25度から30度です。育つことができる温度は最低《さいてい》で15度、20度から30度がもっともよくて、35度ぐらいが上限《じょうげん》です。」

ルイ「ゴーヤーは暑《あつ》さに強く、寒《さむ》さに弱い野菜なのですね。」

店員「ゴーヤーの原産地《げんさんち》は熱帯《ねったい》アジアで、15～16世紀《せいき》に中国へ、そして、中国から当時琉球王国《りゅうきゅうおうこく》と呼ばれていた沖縄《おきなわ》に伝《つた》わりました。熱帯が起源《きげん》ですから、日本では、沖縄くらい南の暖かい地域《ちいき》でない限《かぎ》り、夏に茂《しげ》らせようとしてもタネをまく時期は、ゴーヤーが好きな温度には足りません。ルイさんが早くまいたタネは、まだ寒くて、発芽や育ちが遅くなってしまったのでしょう。温度が低《ひく》くて発芽や育ちがじゃまされたタネは、後《あと》から暖《あたた》かくなっても、なかなか調子《ちょうし》を取《と》り戻《もど》せません。温度が低いと、植《しょく》物《ぶつ》の中のいろいろな部分《ぶぶん》では、今は育つのに適していないという反応《はんのう》が出てしまいます。さまざまな細胞《さいぼう》でその反応を取り消《け》して、また、いきおいよく育つスイッチを入れ直さなければならないのです。」

ルイ「後からタネをまいたときが、ちょうど発芽に適した温度だったのですね。」

店員「そうですね。初めから適した温度だったタネは、細胞が予定《よてい》していた手順通《てじゅんどお》りに順調に育つので、先にまいたタネの成長《せいちょう》を途中《とちゅう》で追《お》い越《こ》してしまったわけです。」

ルイ「なるほど、ちょうどいい温度のときにみんなまいてあげればよかったのですね。」

店員「ゴーヤーを発芽させるには、まずは温度が大事《だいじ》ですが、まだちょっと寒いかなと思うときは、太陽《たいよう》の良《よ》く当たるところにプランターを置《お》いて、黒いゴミ袋《ぶくろ》や新聞紙をかぶせると中が暖かくなります。それから、ゴーヤーの場合、タネのとがった部分を少しだけ切り取ったり、キッチンペーパーでタネを湿《しめ》らせたりするのもいいですよ。」

ルイ「それって、なんだかタネに、『目をさまして、発芽して』って言って起《お》こしているみたいですね。」

店員「その通りなのですよ。タネは植物が休眠《きゅうみん》している状態《じょうたい》です。ただ、タネの起こし方は植物によって違うので、ほかの野菜や花のときは、また聞いてくださいね。」

ルイ「はい。」

店員「ところで、ゴーヤーというのは沖縄地方の言い方で、『つるれいし』が和名《わめい》です。ニガウリともいいます。実《み》が白い色のものから濃《こ》い緑色《みどりいろ》まで、いろいろな種類がありますが、どれも苦味《にがみ》があります。そのため、江戸時代《えどじだい》には薬《くすり》として使《つか》われたようです。実際《じっさい》、ゴーヤーはビタミンCがレモン果汁《かじゅう》の1・5倍《ばい》あり、加熱《かねつ》しても壊《こわ》れにくいそうです。また、苦味の成分は胃腸《いちょう》を刺激《しげき》して食欲増進《しょくよくぞうしん》に効果《こうか》があるといわれます。沖縄の人が長寿《ちょうじゅ》なのは、ゴーヤーのおかげと言われるくらい、体にいい野菜です。」

ルイ「私《わたし》はゴーヤーチャンプルーが大好きです。」

店員「たくさん食べられるように、いっぱい育つといいですね。ほかにどんな植物がグリーンカーテンになるか調《しら》べてみるといいですね。」

問い 作物の北限《ほくげん》とはなんでしょうか。また、最近北限が変《か》わっているのはなぜでしょうか。それはＳＤＧｓ《エスディージーズ》のどの目標《もくひょう》と関係《かんけい》がありますか。

答え 暖かい地方で育つ作物は寒い地域では育ちません。それぞれの作物についてこれ以上《いじょう》北では育たないという限界《げんかい》が栽培《さいばい》北限です。北海道は、イネ、トウモロコシなど多くの作物の栽培北限を超《こ》えていました。けれども品種改良《ひんしゅかいりょう》や栽培方法《さいばいほうほう》の改良を重《かさ》ね、これらの栽培を可能《かのう》にしてきました。北海道でいろいろな作物が安定《あんてい》して栽培されることは、日本の食料《しょくりょう》自給率《じきゅうりつ》を上げるだけでなく、世界的《せかいてき》な視野《しや》に立って、そのノウハウでＳＤＧｓの「飢《き》餓《が》をゼロに」につなげることができます。

夏のジュースのコップや冷蔵庫《れいぞうこ》から出した卵《たまご》が汗《あせ》をかくのはなぜ？

なつこ「暑《あつ》いときには、冷《つめ》たいジュースがいちばん！　おいしいー。」

あつし「お姉ちゃん、ジュースを入れたコップがびしょびしょだよ。ジュースがでてきちゃったの？」

なつこ「うーん、なめてもジュースの味《あじ》はしないけど……。」

いっしょにジュースを飲《の》んでいたお隣《となり》のおうちのしゅんさんが教えてくれました。

しゅん「よく冷《ひ》えたジュースのコップには、『水がしみ出してきた』とびっくりするほど、たくさんの水滴《すいてき》がつくね。もちろんコップの中身《なかみ》は減《へ》らない。同じ現象《げんしょう》で、冷蔵庫から出した卵も汗をかいたようになるね。冷蔵庫に入れておいたジュースや卵は冷たいので、空気中の水蒸気《すいじょうき》が、コップや卵のまわりで冷やされ、水に戻《もど》って目に見えるようになる。それで、汗をかいたようになるんだよ。」

あつし「水蒸気ってなんですか？」

しゅん「水は同じものでも、温度《おんど》によってその様子《ようす》を変《か》えるよ。低《ひく》い温度だと固《かた》まっていてその状態《じょうたい》を固体《こたい》といって、温度が上がってくると、液体《えきたい》になるんだ。」

なつこ「氷《こおり》が固体で、水が液体ですね。」

しゅん「もっと温度が上がると気体になる。水の場合は、気体になったのが水蒸気だ。ものによって、固体から液体になる温度、液体から気体になる温度は違《ちが》うよ。たとえば鉄《てつ》が液体になるのは１５００度くらい。だから、ぼくたちの身のまわりでは鉄は固体だ。溶鉱炉《ようこうろ》では、１５００度以上《いじょう》にして鉄を溶《と》かして加工《かこう》するんだね。」

あつし「じゃあ、気体の空気も液体にできるの？」

しゅん「できるよ。空気は酸素《さんそ》と窒素《ちっそ》という主《おも》に2種類《しゅるい》の気体が混《ま》ざってできているけど、酸素はマイナス183度、窒素はマイナス196度で液体になる。」

なつこ「私《わたし》、この間、遠足で科学館《かがくかん》に行ったとき、液体窒素を使《つか》った実験《じっけん》を見たわ。お花が一瞬《いっしゅん》で凍《こお》ったりしておもしろかった。」

あつし「ママがレストランで、何かを一瞬で凍らせて、目の前ですりおろしてみせたりするパフォーマンスがおもしろかったって話していたよ。」

しゅん「日常《にちじょう》で、固体、液体、気体が全部《ぜんぶ》見られるのは、水だけなんだよ。氷と水と水蒸気は、みんな同じ粒《つぶ》でできている。水を冷やすとその粒がぎゅっと固く結《むす》びついて氷になる。氷を温めると、その固まりのつながりがゆるやかになって、水に戻る。さらにもっと温めると、粒のつながりはなくなって、てんでんばらばらに飛《と》ぶようになる。水の粒はとっても小さいから、つながっていないと目に見えない。水蒸気や空気のような気体は、ビニール袋《ぶくろ》に入れると、やっと「ある」ことがわかるね。

水蒸気は、目に見えないけれど、ふつうの気温でも、空気の中に含《ふく》まれているよ。空気がどのくらいの水蒸気を含むことができるかは、温度によって違《ちが》う。温度の高い空気は、たくさんの水蒸気を含むことができ、温度が低いと少ししか含んでいられない。」

あつし「目に見えないって言っても、お湯《ゆ》が沸《わ》いているやかんの口から出ている白い湯気は、水蒸気ではないの？」

しゅん「湯気は水蒸気ではないよ。お湯が沸いているやかんの口のそばは、とても高温で、どんどん発生《はっせい》してくる水蒸気はすべて空気の中にいられる。ところが、やかんの口から少し離《はな》れると、温度が低くなる。すると、含んでいられる水蒸気の量《りょう》が減り、余分《よぶん》な水

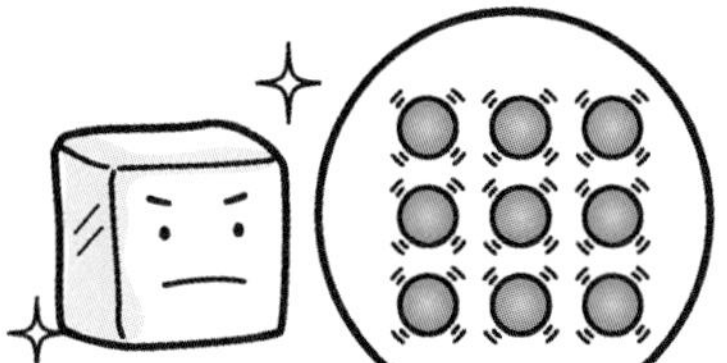

氷のつぶ

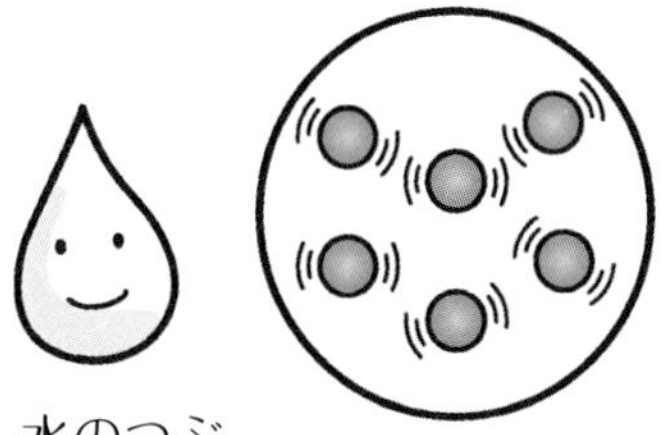

水のつぶ

水蒸気のつぶ

蒸気は気体ではいられなくなる。やかんのまわりの白い湯気は、水蒸気ではなくて、冷《ひ》えて水になった『もと水蒸気』が、細かい『水滴《すいてき》』の姿《すがた》で白く見えているんだよ。
　コップや卵の汗も同じだ。空気中の水蒸気が多いことと、コップや卵とまわりの空気との温度差が大きいことが条件《じょうけん》になるんだ。必《かなら》ず、温かい側に接《せっ》している冷たい面に水滴がつくね。これを『つゆ』を『むすぶ』と書いて、結露《けつろ》と呼《よ》ぶんだ。」

あつし「寒いときに、はく息《いき》が白くなるのも同じ？」

しゅん「その通り、よくわかったね。」

問い 身のまわりで、どんなときに結露が見られるか、観察《かんさつ》してみましょう。

答え 例《れい》：冬の暖《あたた》かい部屋《へや》の窓《まど》ガラス　など。

注射《ちゅうしゃ》はいやだけど、似《に》ている水《みず》鉄《でっ》砲《ぽう》は楽しい。水鉄砲はなんで水を飛《と》ばせるの？

「今日は、特別授業《とくべつじゅぎょう》の日です。では、たえ先生お願《ねが》いします。」

先生「こんにちは、今日はみなさんが大《だい》好《す》きな水鉄砲についてお話しします。」

みんな「わーい。」

先生「いろいろな形の水鉄砲がありますが、まず、筒《つつ》にピストンがついたタイプの水鉄砲についてです。

このタイプの水鉄砲は、先を水につけ、ピストンを引くと、筒

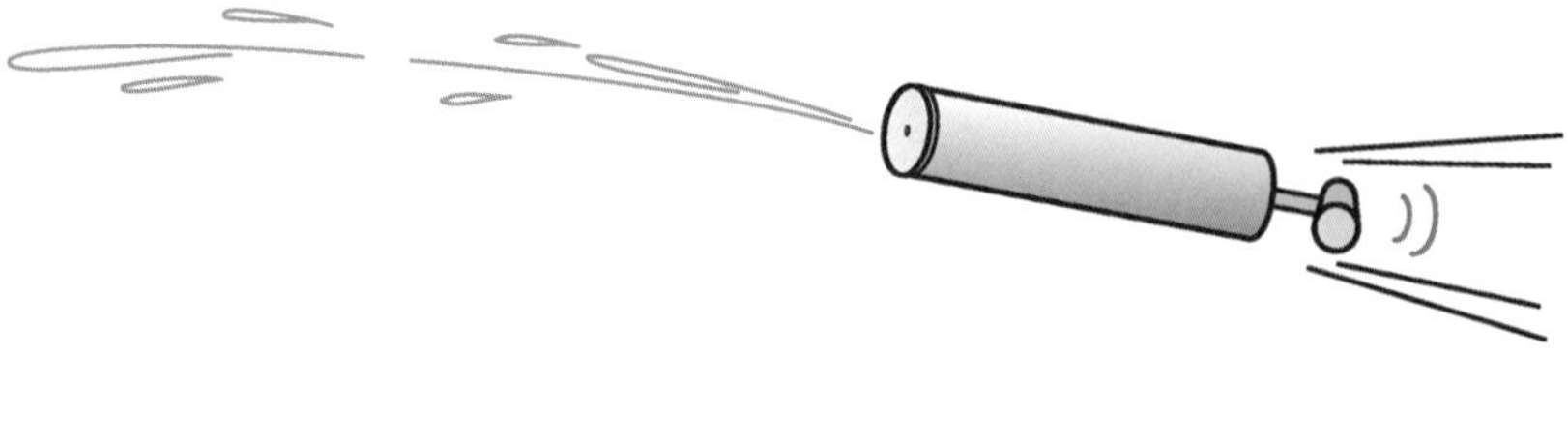

の中の空気が薄《うす》くなって水が吸《す》い込《こ》まれます。そして、ピストンを押《お》すと、吸い込まれた水は先の狭《せま》い穴《あな》から、いきおいよく飛び出ます。昔《むかし》は、筒を竹で作っていました。今では、プラスチックがほとんどですが、いずれにせよ、丈夫《じょうぶ》で水の漏《も》れないもので作ります。筒タイプの欠点《けってん》は、ピストンを押《お》し切ると、また水を吸い上げなくてはならないことです。

　次は、このピストルタイプです。」

「あっ、これ、小さい頃《ころ》、お風呂《ふろ》でも遊《あそ》んでいた。」

先生「そうですね。これも引き金のところで水を直接《ちょくせつ》押《お》します。ただ、筒タイプと違《ちが》い、連続《れんぞく》して水を飛ばすことができるので、小さい子も遊びやすいですね。では、筒タイプとピストルタイプは、どうして、水はただ押されて出るのではなくて、先からいきおいよく飛び出るのでしょうか。」

「はい。強く押されるからです。」

先生「その通りです。けれども、小さい子も遊べるということは、それほど強い力を加《くわ》えているわけではないですね。それなのに、どうして出る水は強く押されるのでしょうか。」

「うーん。」

先生「昔々、パスカルという人が見つけた『パスカルの原理』という決《き》まりがあります。ちょっと難《むずか》しいのですが、『水は、ある部《ぶ》分《ぶん》で受《う》けた圧力《あつりょく》を、全体《ぜんたい》に均等《きんとう》に伝《つた》える』という決まりです。この水鉄砲でいうと、ピストルの引き金のところで受けた圧力と同じ大きさの圧力が、筒の先の小さい穴《あな》のところまで伝わるというものです。」

「圧力ってなんですか。」

先生「決まった面積《めんせき》あたりに受ける力のことです。つまり、引き金が押すのは筒の太さの面積の水です。その圧力がそのまま先まで伝わります。先の穴はとても小さい面積ですから、圧力は同じ

でも水が受ける力は大きくなります。

もっと威力《いりょく》のあるマシンガンタイプもありますね。」

「今はこれだね！」

先生「このタイプは、水を入れたタンクに圧縮《あっしゅく》した空気を入れて、引き金を引くと水が飛び出るという仕組《しく》みです。パスカルの原理と押し縮《ちぢ》められた空気の力を両方使《りょうほうつか》っているので、水のいきおいも強く、しかも長い間飛ばすことができます。

ところで、最《もっと》も簡単《かんたん》な水鉄砲は、お風呂《ふろ》で両手を使って作るものです。両手の指《ゆび》を交互《こうご》に組み合わせて、人差《ひとさ》し指だけまっすぐ伸《の》ばす形や、指をそろえて手のひらを合わせるようにして握《にぎ》り、親指の付《つ》け根《ね》から水を飛ばすやり方など、いろいろあります。」

「ぼくは、指をそろえるほうだ。」

パスカルの原理

g：グラム、cm：センチメートル
cm²：平方センチメートル

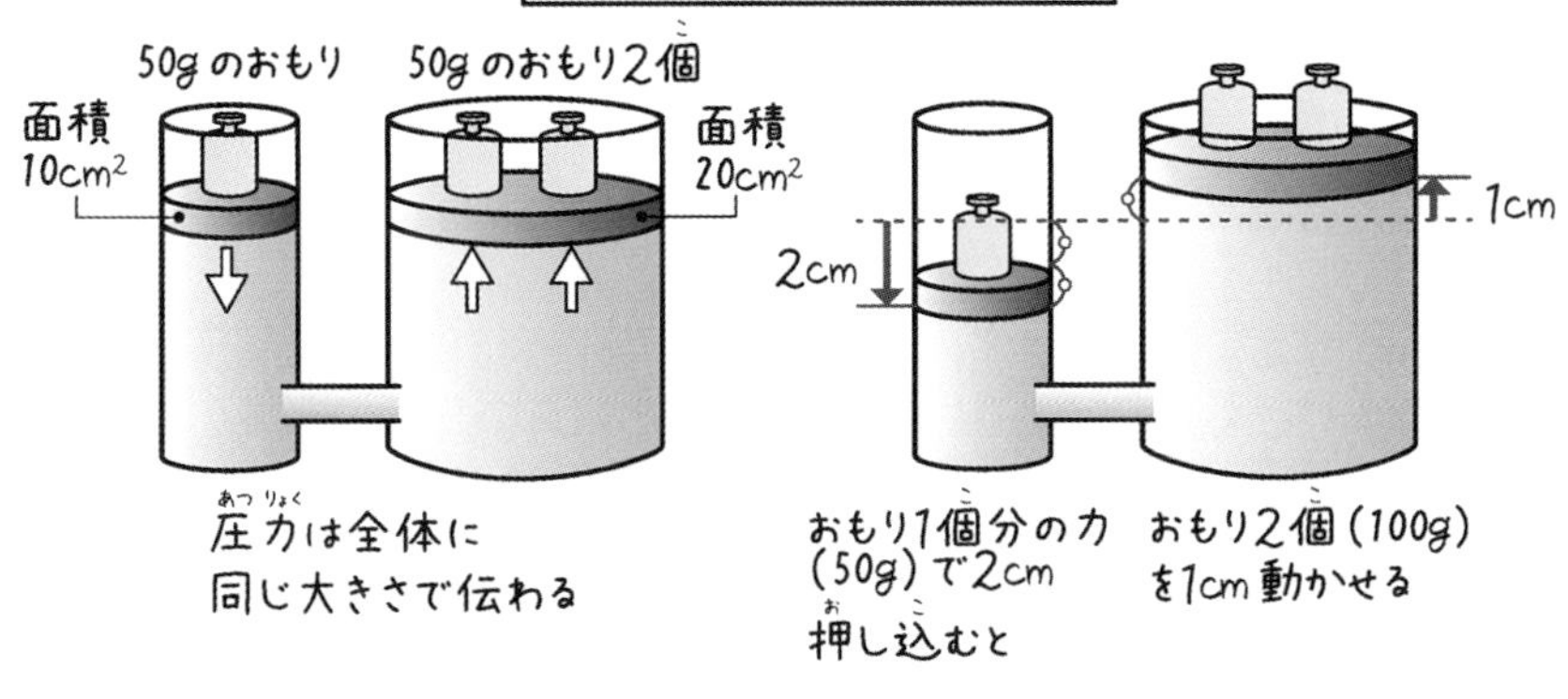

先生「どちらも、手のひらの中に、水を吸い込むように貯《た》めて、いきおいよく押し出します。

この手のひら水鉄砲では、空気の力はあまり働《はたら》かないので、おもちゃの水鉄砲ほどいきおいよく、遠くには飛びませんが、いっしょにお風呂に入っている人を、びっくりさせることはできそうです。

いずれにしても、水鉄砲は楽しい遊びですし、空気や水の力について体験《たいけん》することもできます。ただ、水は大切なものなので、それを忘《わす》れないようにしましょうね。」

「はい。SDGs《エスディージーズ》で『安全《あんぜん》な水とトイレを世界《せかい》中に』*っていいますね。水の無駄《むだ》使いはしません。お風呂の残《のこ》り湯《ゆ》を、使うのはどうですか。」

先生「それは、いい考えです。ぜひ、そうしてください。」

*第《だい》1巻《かん》10ページ、114ページを参照《さんしょう》

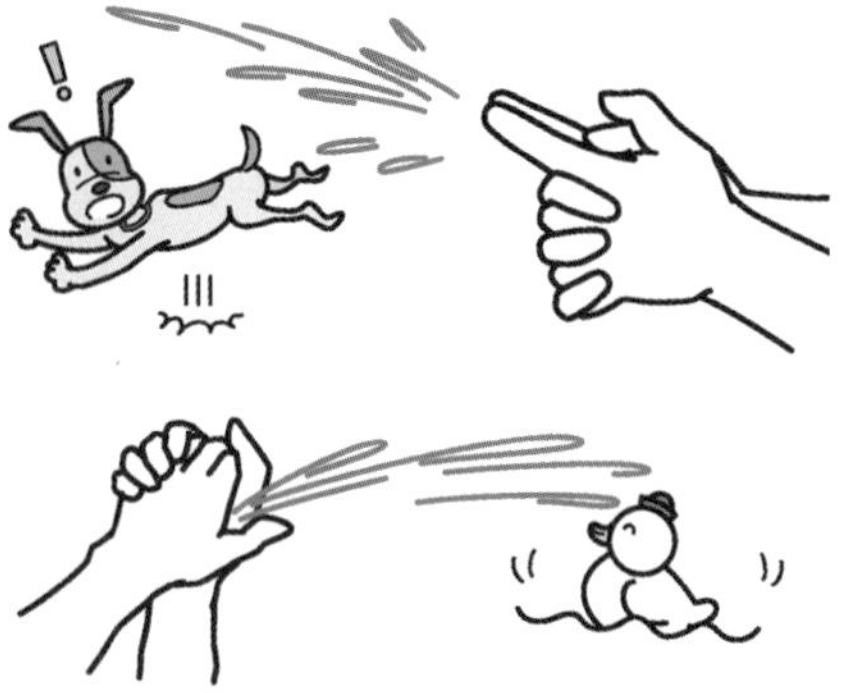

コラム

水鉄砲と似ている注射《ちゅうしゃ》針《ばり》は、めざましい技術革新《ぎじゅつかくしん》をとげています。技術革新はSDGsの目標《もくひょう》でもあります。毎日注射をしなければならない病気《びょうき》の人の苦痛《くつう》を和《やわ》らげるために、針の形を工夫《くふう》したり、表面《ひょうめん》も内側《うちがわ》もツルツルに磨《みが》き上げたりして、スムーズに刺《さ》して短時間《たんじかん》で薬《くすり》の注入が終《お》わるようにと努力《どりょく》が重《かさ》ねられているのです。

また、蚊《か》が刺しても何も感《かん》じないことから、蚊の刺すメカニズムを注射針に適用《てきよう》する研究《けんきゅう》が進《すす》み実用化《じつようか》されています。

丸まるダンゴムシと丸まらないダンゴムシがどうしているの？

ゆみ「はかせ！　丸まらないダンゴムシがいるよ！　どうして？」

しゅう「ダンゴムシって虫なの？」

　二人のかわいい質問《しつもん》に、はかせはやさしく答えました。

はかせ「丸まらないダンゴムシは、ダンゴムシではありません。ワラジムシといいます。ダンゴムシとワラジムシ、どちらも陸《りく》に住《す》むエビやカニの仲間《なかま》です。」

二人「えーっ、エビやカニの仲間ってことは、虫じゃないの？」

はかせ「そうです。虫、すなわち昆虫《こんちゅう》の仲間は足が6本ですから、ダンゴムシもワラジムシも虫ではありません。ダンゴムシとワラジムシは、足の数は同じです。幼虫《ようちゅう》では6組12本、成虫《せいちゅう》になると7組14本になります。また、エビやカニの仲間ですから、脱《だっ》皮《ぴ》をくり返《かえ》して大きくなります。見分け方はもちろん、触《さわ》って丸まるかどうかですが、ほかにもあります。見つけたときにすばやく逃《に》げていくのはワラジムシで、簡単《かんたん》につかまえられたらきっと丸まるダンゴムシです。」

ゆみ「私《わたし》、この間、公園でダンゴムシをつかまえていたら、帽子《ぼうし》いっぱいになって、うれしくってお母さんに見せたらものすごく

おどろいていた。」

しゅう「そりゃそうだろ。」

はかせ「それで、お母さんは、なんと言っていました？」

ゆみ「かわいそうだから、早くおうちに帰してあげなさいって。」

はかせ「やさしいお母さんですね。ダンゴムシは、帽子いっぱいでおどろかすことはあっても、人に害《がい》を与《あた》えることはありません。害を与えるどころか、落《お》ち葉《ば》や虫の死《し》がいを食べてきれいにして、出すフンが、土を豊《ゆた》かにしてくれます。コンクリートのベランダの落ち葉や虫の死がいが、いつまでもそのままあるのに気づいたことがありますか。」

しゅう「あります。うちのベランダにはすぐ落ち葉がたまるし、ずっとセミの死がいがあったこともあります。」

はかせ「それは、ベランダには落ち葉や虫を分解《ぶんかい》してくれる生き物《もの》がいないからです。ダンゴムシもワラジムシも地面《じめん》をきれいにしてくれる『おそうじやさん』で、しかも土に栄養《えいよう》を与えているのですから、庭《にわ》で見かけたときは、やさしくしてあげてください。」

二人「はい。」

はかせ「ダンゴムシやワラジムシと同じ役割《やくわり》を果《は》たす生き物はいっぱいいます。その代表《だいひょう》はもっとも身近《みぢか》な昆虫、アリですね。セミの羽根《はね》やミミズに群《むら》がって、悪戦苦闘《あくせんくとう》しながら巣《す》まで運《はこ》ぶ様子《ようす》を見ると、思わず手伝《てつだ》ってあげたくなりますね。それから、ミミズです。ミミズは土を食べ、土に含《ふく》まれる小さな生き物を栄養にしているのですが、フンはやはり土を豊かにします。農業《のうぎょう》ではミミズは大切にされています。ミミズに生ゴミを食べてもらい、そのフンで化学肥料《かがくひりょう》を使《つか》わないで土の改良《かいりょう》を行ったりもします。

　森に住むゴミムシ、シデムシなどは、名前からしても役割が想像《そうぞう》できますね。ゴミムシもシデムシも昆虫です。森には、ネズミ、モグラ、ヘビ、カエルなどいろいろな動物《どうぶつ》が住んでいるのに、その死がいがほとんど見あたらないのは、こんな昆虫たちが食べてきれいに分解してくれるからです。中には、死がいをすぐには食べずに丸ごと地中に埋《う》めてほどよく熟成《じゅくせい》させ、幼虫《ようちゅう》のえさにする虫もいます。森に行ったら、カブトムシやクワガタだけでなく、『森のおそうじやさん』も探《さが》してみてください。けっこう、かっこいいことに気づくと思います。

それから、実《じつ》は、キノコも『おそうじやさん』です。たおれた木に生えて、やはりその木を分解する働《はたら》きがあります。

『おそうじやさん』はＳＤＧｓ《エスディージーズ》の「陸の豊かさも守《まも》ろう」という目標《もくひょう》について重要《じゅうよう》な役割を果たしていることを忘《わす》れないようにしましょう。

ゆみちゃんとしゅうくんの不思議《ふしぎ》に、答えは見つかりましたか。」

ゆみちゃんの答え　丸くならないのはダンゴムシではなくてワラジムシ。

しゅうくんの答え　ダンゴムシもワラジムシもエビやカニの仲間で、地面をきれいにして栄養いっぱいにしてくれる。

水にもジュースにも アイスコーヒーにも 必《かなら》ず氷《こおり》が浮《う》くのはどうして？

あつしさんは、夏休み中、飲《の》み物《もの》に氷を入れていて、ふと、どんな飲み物に入れても氷は浮くことに気がつきました。あつしさんは、ものが浮いたり沈《しず》んだりすることについて自由研究《じゆうけんきゅう》としてまとめることにしました。今日はその報告会《ほうこくかい》です。

あつし「これから、ものの浮き沈みについて、ぼくが調《しら》べたことを発表《はっぴょう》します。水の場合、入れたものが浮くか沈むかは、同じ体積《たいせき》あたりの重《おも》さが、水より大きいか小さいかで決《き》まります。では、まず、重さを同じ体積あたりで比《くら》べるのはなぜか考えてみましょう。すべてのものには重さがあります。ジュースにも水にも、氷にも、鉄《てつ》にも

綿《わた》にも重さがあります。

では、鉄と綿ではどちらが重いでしょうか。鉄だと思いますか。答えは、『これだけでは比べられない。』になります。鉄といっても、釘《くぎ》1本から大きな鉄のとびらまでいろいろあります。綿も、綿棒《めんぼう》の先のかたまりから布団《ふとん》に入れる綿の束《たば》までさまざまです。大きさを決めないで比べることはできないのです。

そこで、たとえば1辺《ぺん》1センチメートルのサイコロの大きさで比べると決めて、その大きさの鉄と綿の重さを量《はか》ると、どちらが重いか比べることができます。

このように1立方センチメートルの体積あたり、または1立方メートルあたりの重さを、密度《みつど》と呼《よ》びます。似《に》た言葉《ことば》に人口密度がありますね。ちなみに人口密度は1平《へい》方《ほう》キロメートルあたりの居住者《きょじゅうしゃ》の数です。

水の密度は1立方センチメートルあたり1グラムです。水の密度を1として、これを基準《きじゅん》にして、その何倍《なんばい》になるか、または何分の1かを表《あらわ》した数字を比重《ひじゅう》といいます。

比重の小さいものを、比重の大きいものの中に入れると浮きます。たとえば、オリーブ油《ゆ》は0・9くらいで、酢《す》は水とほとんど同じ1ですから、2つを混《ま》ぜたドレッシングを作ると、オリーブ油は酢の上にたまります。

さあ、いよいよ氷について、比重を考えてみましょう。氷は水からできるので、同じ比重になりそうなものですが、不思議《ふしぎ》なことにそうはなりません。氷は水に浮くのですから、水と比べると氷の比重は小さいということになります。では、どうして氷の比重は水よりも小さいのでしょう。水は凍《こお》って氷になると体積が増《ふ》えることは知っていますか。ぼくのおじいちゃんのおうちは、冬はとても寒《さむ》い地方だから、夜には水《すい》道管《どうかん》の中の水が凍るそうです。それで体積が大きくなって破裂《はれつ》すると修理《しゅうり》が大変です。そこで一晩中《ひとばんじゅう》水をちょろちょろ流《なが》しっぱなしにして凍結《とうけつ》を防《ふせ》いでいます。湖《みずうみ》が凍ると一部《いちぶ》が盛《も》り上がったりします。諏訪湖《すわこ》の『御神渡《おみわた》り』は有名《ゆうめい》です。

凍っても重さは変わりませんから、水と氷を比べると、膨《ふく》らんだ氷のほうが1立方センチメートルあたりの重さは小さいことになります。したがって、比重は1より小さくなります。実際《じっさい》には氷の比重は0・92です。

ジュースやアイスコーヒーは、水にそれぞれの成分《せいぶん》が混ざり込《こ》んだものですから、その分、比重は1より大きくなります。だから、氷は、水にもジュースにもアイスコーヒーにも、ちゃんと浮くわけです。ですから、北《ほっ》極《きょく》の氷も海に浮いています。

人の比重は、ほとんど水と同じ1です。ですから、『カナヅチ』だから沈むということはあり得《え》ません。肺《はい》に空気を貯《た》めこみ手足を動《うご》かせば誰《だれ》でも泳《およ》げるはずなのです。泳げないと思っている人、がんばってみましょう。ただ、体脂肪率《たいしぼうりつ》が低《ひく》い人は比重が大きく沈みやすいのは事実《じじつ》です。逆《ぎゃく》に赤ちゃんは脂肪が多いので、そのまま自《し》然《ぜん》と浮くのだそうです。

中東にある『死海《しかい》』という塩湖《えんこ》の水は比重が1・33で、

諏訪湖《すわこ》の御神渡《おみわた》り

なんと浮かんで本も読めます。楽しそうですが、湖から出たらすぐに体を洗《あら》わないと大変なことになります。塩分に加《くわ》えてミネラルも多いので、体がべとべとになるのだそうです。

これで、ぼくの、浮き沈みの発表を終《お》わります。」

問い 最近《さいきん》、北極の氷がとけることが問題《もんだい》になっています。＊そのためSDGs《エスディージーズ》で「気《き》候変動《こうへんどう》に具体的《ぐたいてき》な対策《たいさく》を」という目標《もくひょう》を掲《かか》げて、世界中《せかいじゅう》で協力《きょうりょく》する体制《たいせい》を整《ととの》えています。北極の氷がとけると、どんな問題が出てくるでしょうか。

答え 例《れい》：今のところ海水面《かいすいめん》が上昇《じょうしょう》するという問題はほとんど確認《かくにん》されていないようです。しかし、ホッキョクグマなどの氷上《ひょうじょう》で暮《く》らす動物《どうぶつ》の生態系《せいたいけい》が破壊《はかい》され、それにつながる先住民《せんじゅうみん》の生活も成り立たなくなります。また、北海道の海底《かいてい》に眠《ねむ》るメタンガスの流出《りゅうしゅつ》で地球温暖化《ちきゅうおんだんか》がさらに進《すす》むことが心配《しんぱい》されます。

＊北極の問題については第《だい》1巻《かん》135ページを参照《さんしょう》

コラム

空気を基準にした比重もあります。空気を1とすると、水素《すいそ》は0・0695、ヘリウムは0・138ですから、飛行船《ひこうせん》に使《つか》われたのは当然《とうぜん》であることがわかります。また、窒素《ちっそ》は0・967、酸素《さんそ》は1・105ですから、窒素が78パーセント、酸素が21パーセントの空気は当然ですが比重は1です。同じ空気でも、暖《あたた》かいと膨《ふく》らむ分比重は小さくなります。それで、気球《ききゅう》は上昇《じょうしょう》するとき、ガスバーナーで気球内の空気を温めるのですね*。

*気球の話は第《だい》1巻《かん》66ページを参照《さんしょう》

写真はイメージです。

ブルーベリージャムがついたハンカチを石けんで洗《あら》ったら変《へん》な色になったのはなぜ？

ももこ「お母さん、ごめんなさい。」

お母さん「ももちゃん、どうしたの？」

ももこ「お母さんに買ってもらった大切なハンカチにブルーベリーのジャムがついてしまったの。それで、きれいにしようと思って石けんをつけたら、変な色になってしまったの。だから、ごめんなさい。」

お母さん「大丈夫《だいじょうぶ》よ。ももちゃんのせいじゃないはず。友達《ともだち》のひかるさんは理科の先生だから、どうして変な色になったのか、聞いてみましょう。」

ひかるさんは、わかりやすく教えてくれました。

ひかるさん「果物《くだもの》でできるしみは、特《とく》に落《お》ちにくく、大好《だいす》きな白い服《ふく》にしみができて、かなしいこともありますね。ついたときとは違《ちが》った、変な色になってしまうことも多いです。これは、果物の色のもとである「色素《しきそ》」が、石けんに出合って、性質《せいしつ》が変《か》わって色が変わるのです。出合ってお互《たが》いの性質が変わることを『反《はん》応《のう》』と呼《よ》びます。

ブルーベリーの暗《くら》い青紫《あおむらさき》色は、アントシアニンという色素の色です。アントシアニンは、たいへん多くの花や実《み》の色のもとになっています。ブルーベリーのほかにも、イチゴやラズベリーのような赤い実、ブドウやプルーン、ナスや黒豆《くろまめ》などの黒に近い紫をしたもの、紫イモや紫キャベツなどの紫の野菜《やさい》、ツユクサやアサガオなどの青い花はもとより、ピンクや紫などの花にはたいて

い、アントシアニンが含《ふく》まれています。

そんな、身近《みぢか》なアントシアニンは、酸性《さんせい》のものと反応すると鮮《あざ》やかな赤になり、アルカリ性のものと反応すると青っぽくなります。石けんはアルカリ性ですから、ブルーベリーの紫色が青っぽい変な色になったのでしょう。

　酸性やアルカリ性というのは、水に溶《と》けたものによって、水の性質がどのように変わったかを示《しめ》しています。すっぱい味《あじ》のする液《えき》が酸性、苦《にが》い味のする液がアルカリ性です。といっても、知らない液をなめて、どちらかなと試《ため》そうとしては絶対《ぜったい》にいけません。危険《きけん》です。」

ももこ「なめないで、酸性かアルカリ性かどうやってわかるのですか。」

ひかるさん「ブルーベリーで変な色になったことを、逆《ぎゃく》に利用《りよう》す

るのです。紫キャベツをお湯《ゆ》につけて紫の液を作るといろいろ楽しめます。紫キャベツは、アントシアニンとほかの色素の働《はたら》きも合わさって、石けん水のようなアルカリ性の液を入れると、青色や緑色《みどりいろ》になります。こんにゃくにもアルカリ性の水分が含まれているので、紫キャベツの液でゆでると、緑色になります。もちろん、レモン汁《じる》を入れると赤くなります。」

ももこ「おもしろそう。さっそく、やってみます。」

ひかるさん「紫キャベツの汁は、長く保存《ほぞん》できないので、画用紙にしみこませ乾《かわ》かして『試験紙《しけんし》』を作るといいですよ。

　それから、ももこさんはハンカチが変な色になってびっくりしましたね。実《じつ》は、卵《たまご》の白身もアルカリ性なので、ブルーベリージャムを少し混《ま》ぜると、白身が青緑の目玉焼きを作ることができるのですよ。」

ももこ「えーっ、おもしろそうだけど、白身がそんな色だったらおいしくなさそう。」

ひかるさん「大丈夫《だいじょうぶ》ですよ。ジャムをほんの少し混ぜるだけなら味は変わりません。

ここで大事《だいじ》なのは、酸性やアルカリ性の反応は、水に溶けている状態《じょうたい》でないと起《お》こらないということです。」

ももこ「そうなんですね。ハンカチが変な色になってしまったのは残念《ざんねん》ですが、そのおかげでアントシアニンや酸性、アルカリ性についてわかったので、かえってよかったです。」

ひかるさん「ももこさん、もしハンカチがどうしてもきれいにならなかったら、いっそ全体《ぜんたい》を染《そ》めてしまうのもいいかもしれませんね。」

ももこ「それはいい考えですね！」

問い 酸性やアルカリ性で色が変わる反応は、ほかにないかな？

答え 例《れい》：紫キャベツで卵入りお好《この》み焼《や》きを作ると青緑色になるなど。

なぜ海の水はしょっぱいの？

夏はなんといっても海水浴《かいすいよく》です。るかさんは、最近《さいきん》引っ越《こ》してきてお友達《ともだち》になったかいさんと海水浴に来ました。

かい「わっ、しょっぱい！！！　海の水ってこんなにしょっぱいの。」

るか「かいさん、海で泳《およ》ぐの初《はじ》めて？」

かい「うん、前に住《す》んでいたところは、海が近くにないから、夏になって泳ぐのは、川か湖《みずうみ》だったんだ。それにしても、どうして、こんなにしょっぱいのかな。」

るか「どうしてって……。」

二人は、おうちの人に塩《しお》の博物館《はくぶつかん》に連《つ》れていってもらって、聞いてみました。

学芸員さん「それは、もちろん塩が溶《と》けているからです。ですが、地球《ちきゅう》をつつむ広大な海全体《ぜんたい》をしょっぱくするほどの塩です。誰《だれ》かが、どこかから持《も》ってきて投《な》げ込《こ》んだくらいではしょっぱくなりません。昔々《むかしむかし》、まだ地球ができたばかりの頃《ころ》、海の水はしょっぱいのではなく、すっぱかったのです。すっぱい水は、陸地《りくち》の岩の中にあるナトリウムという物質《ぶっしつ》を溶かし、それで塩ができてしょっぱくなったのです。」

かい「塩のこと、塩化《えんか》ナトリウムっていいますもんね。しょっぱくなった理由《りゆう》はわかりました。海の水のしょっぱさって変《か》わらないのですか。大雨が降《ふ》ると、薄《うす》まってしまうような気がします。」

学芸員さん「海の塩水《えんすい》の濃《こ》さは、ほとんど変わりません。海に雨が降っても、あまりしょっぱさが変わらないのは、雨が降ったからといって、海の水がどんどん増《ふ》えるわけではないからです。太陽《たいよう》に照《て》らされているところでは、水が蒸発《じょうはつ》して減《へ》っています。そうして、上空に昇《のぼ》っていった水蒸気が、また雨になって降ってきます。こんなふうに、水は、姿《すがた》を変えてぐるぐるめぐっているだけなので、海の水だけが増えて、塩分が薄くなってしまうことはありません（姿を変える水については「雪ウサギ」138ページのお話も見てください）。

試《ため》しに海水と同じ濃さの塩水を作ってみましょう。ふつうの1リットルの水に、大さじに軽《かる》く2杯くらい塩を溶かします。かなりしょっぱいですね。」

るか「日本では海水から塩を取《と》り出すと聞きましたが、やっぱり水を蒸発させるのですね。」

学芸員さん「そうですね。時代《じだい》や地域《ちいき》によっていろいろな方法《ほうほう》がありますが、太陽の熱《ねつ》で水を蒸発させたり、かまで煮詰《につ》めたりする作業《さぎょう》が基本《きほん》です。これは、天候《てんこう》にも左右される、大変な労力《ろうりょく》です。

そこで、今では工場で、イオン交換膜製塩法《こうかんまくせいえんほう》を用いて作っています。理屈《りくつ》は難《むずか》しいのですが、要《よう》は、海水の成分《せいぶん》は電気を帯《お》びているので、電気の力で成分を集《あつ》めるという方法です。こうして、安定《あんてい》して海水から塩を得《え》られるようになったのです。」

かい「ほかの国でも、海水から塩を作っているのですか。」

学芸員さん「世界《せかい》に目を向《む》けてみると、世界で使《つか》われている塩の3分の2くらいは岩塩から作られたものです。岩塩は、海水が陸地に閉《と》じ込《こ》められたり、塩湖《えんこ》の水分が蒸発して長い年月をかけ結晶化《けっしょうか》したものです。近頃《ちかごろ》は、インテリアとしても、大きなピンク色がかった塩のかたまりを売っています。これも岩塩の一種《いっしゅ》です。外国には、岩塩が採掘《さいくつ》される場所《ばしょ》がたくさんありますが、日本にはありません。中には、岩塩が地下で大きな大きな層《そう》になっているところがあります。世界遺産《せかいいさん》になっているポーランドで岩塩を掘《ほ》っていた場所、ヴィエリチカ岩塩坑《がんえんこう》もその一つです。何百年もかけて、アリの巣《す》のように、３００キロメートルもの長さに掘られました。中には数々の彫刻《ちょうこく》や、岩塩で作った教会があります。また、昔《むかし》は、岩塩の中にいると体にいいということで、病院《びょういん》まであったそうです。」

かい「塩って身近《みぢか》でありふれたものだけど、いろいろなことを知ることができてよかったです。」

コラム

塩はいいことだけでもないのです。農業《のうぎょう》では、塩害《えんがい》によって収穫量《しゅうかくりょう》が落《お》ちることがあるからです。SDGs《エスディージーズ》の「飢餓《きが》をゼロに」では、食料《しょくりょう》の増産や安定供給《あんていきょうきゅう》を目標《もくひょう》にしています。そこで、塩害に強い遺伝子《いでんし》組み換《か》え作物《さくもつ》も開発《かいはつ》されています。遺伝子組み換え作物にはいろいろな意見《いけん》がありますが、役《やく》に立つ場面《ばめん》では適切《てきせつ》に使われることも必要《ひつよう》です。

人は、昔から塩をうまく利用《りよう》したり、遠ざけたりと工夫《くふう》して暮《く》らしてきました。「両刃《もろは》（諸刃《もろは》）の剣《つるぎ》」という言葉《ことば》があります。両刃の剣は、振《ふ》り上げると自分も傷《きず》つくおそれがあることから、利益《りえき》をもたらす可能性《かのうせい》がある一方で、損失《そんしつ》をもたらす危険性《きけんせい》もあるということのたとえです。塩はまさしく「両刃の剣」で、使いこなすには知恵《ちえ》が必要です。

3

理科の秋《あき》物《もの》語《がたり》

夏が終《お》わるとネコの毛がよく抜《ぬ》けるのはなんで？

ゆいさんはタローとジローという２匹《ひき》のネコを飼《か》っています。お友達《ともだち》のイヌはメルといいます。どちらも家の中で飼っているので、服《ふく》やソファーによく毛がつきます。粘着《ねんちゃく》テープのクリーナーが毎日大活躍《だいかつやく》です。

タローを注意深《ちゅういぶか》く見ていると、ずいぶん毛が抜けると感《かん》じる時期《じき》があります。お友達に聞くと、メルも同じ頃《ころ》によく毛が抜けるようです。

ネコとイヌの違《ちが》いがあっても、同じ頃に毛が抜けるのはなぜなのでしょうか。不思《ふし》議《ぎ》に思ったゆいさんは、お友達といっしょに動物《どうぶつ》のお医者《いしゃ》さんに聞きにいきました。

だって、病気《びょうき》だったら心配《しんぱい》ですものね。

ゆい「毛が古くなったから、新しくするために生えるのですか。それとも、大きくなっていくから、虫が脱皮《だっぴ》するみたいに、毛もかわるのですか。病気じゃないですよね。」

獣医さんは、病気ではなく、夏毛と冬毛の生えかわりだと教えてくれました。

獣医さん「多くの動物は体の毛が決《き》まった時期に抜けて生えかわります。ネコやイヌもそうで、『夏毛』と『冬毛』と呼《よ》ばれる、手触《てざわ》りや役目《やくめ》の違《ちが》う毛があります。二人も、夏と冬で着る服が違いますよね。」

ゆい「はい、夏はすずしい生地《きじ》で、白っぽい服が多いです。冬はセーターやコートなど、厚《あつ》くて黒っぽい服装《ふくそう》が多いですね。」

獣医さん「はい。人は動物ほど体に毛が生えていないので、服を着《き》て体を守《まも》っています。それで、季節《きせつ》ごとに服を入れかえる衣替《ころもが》えをしますね。動物も、夏や冬になる前に、日の長さや気温《きおん》で季節が変《か》わることを感じ、次《つぎ》の季節に向《む》けた体になるために毛が生えかわるのです。それは、いわば動物の衣替えです。冬毛はフワフワ空気を含《ふく》んで暖《あたた》かくなるように柔《やわ》らかい毛です。夏毛は風通しがいいように、少し硬《かた》めの毛で冬よりスカスカ間をあけて生えます。」

ゆい「全部《ぜんぶ》一度《いちど》に抜けてハゲたりはしませんか。」

獣医さん「新しい毛が下から生えて古い毛を押《お》し出して生えかわるので、大丈夫《だいじょうぶ》です。抜けた毛が生えている毛にからみやすいので、こまめにブラッシングしましょう。」

ゆい「はい、気をつけます。それでは、どんな動物でも毛が生えかわるのですか。」

獣医さん「いいえ、人間に飼われているヒツジの毛は、自然《しぜん》に生えかわることはありません。伸《の》び放題《ほうだい》ですから、モコモコになります。モコモコのままでいると、暑《あつ》くなってきたときには夏バテしてしまいます。転《ころ》んだときに起《お》き上れなくなったりもします。人間がヒツジの毛を刈《か》るのは、服などに利用《りよう》するためですが、ヒツジのためでもあるのです。」

ゆい「テレビでヒツジの毛を刈っている様子《ようす》を見たことがあります。毛を刈られたヒツジは、サッパリした顔をしていますね。」

獣医さん「それから、夏と冬で色やもようが変わる動物もいます。奈良《なら》公園《こうえん》に住《す》むシカは、夏の間は明るい茶色で白い斑点《はんてん》があるのですが、冬毛になると濃《こ》い茶色一色です。高い山に住むライチョウという鳥は、鳥ですから変わるのは毛ではなく羽根《はね》です。夏の間はまわりの低木《ていぼく》に合わせて地味《じみ》な茶色ですが、冬になって山が雪におおわれる頃には、真《ま》っ白になります。それぞれが自然の中で生き抜きやすいように進化《しんか》していったのでしょう。」

ゆい「動物園でも、夏と冬で様子が変わる動物がいますか。」

獣医さん「きっと、いますよ。夏と冬の両方《りょうほう》に動物園に行って、どんな動物がどんなふうに変身《へんしん》するのか観察《かんさつ》して、それはどうしてかを考えてみるとおもしろいですね。」

ゆいさんはお友達と、動物園に行ってみようと約束《やくそく》しました。

コラム

SDGs《エスディージーズ》の多くには、国や地域の間の風土や気候《きこう》の違いが原因《げんいん》で起こっている問題《もんだい》もあります。たとえば、極寒《ごっかん》の地の人々は、動物が冬毛に生えかわるのと同じように、寒さから身《み》を守《まも》るために動物の毛皮《けがわ》をまといます。「陸《りく》の豊《ゆた》かさも守ろう」のためには動物保護《ほご》も重要《じゅうよう》ですから、その観点《かんてん》から考えると毛皮をまとうことを見過《みす》ごすことはできなくなります。

このように、SDGsの目標《もくひょう》は、いろいろな立場があることが、達成《たっせい》を難《むずか》しくしているのです。

スポーツにも理科は大事《だいじ》。運《うん》動《どう》会《かい》の競《きょう》技《ぎ》「台風の目」は、どうしたら勝《か》てるの？

来週は運動会です。レイさんたちは、出場する「台風の目」という競技の練習《れんしゅう》をしています。まっすぐ走っていくのはいいのですが、なかなかポールをうまく回れなくて、ほかのチームに後《おく》れをとってしまいます。

レイ「どうしたら、うまく回れるのかしら。そうだ！　バレエ教室の先生に聞いてみよう。こんなふうに回るバレエを見たことがある。」

先生「そうですね。去年《きょねん》の発表会《はっぴょうかい》でおねえさんたちが踊《おど》ったコッペリアというバレエの中に『時の踊り』があります。４人１組になって１本の時計の針《はり》を表《あらわ》して、16

人で計４本の針が回っていく様子《ようす》を踊ったものでしたね。」

レイ「このとき、おねえさんたちの踊りはほんとに時計の針が回っているみたいだったから、どうしたらそんなに上手《じょうず》に回れるのか知りたいのです。」

先生「『台風の目』でも『時の踊り』でも、回るということは、真上《まうえ》から見るとそれぞれの人が円を描《えが》くということですね。ここに中心が同じで半径《はんけい》が違《ちが》う円を４つ描いてみましょう。

外側《そとがわ》の円ほど1周《しゅう》の長さが長いですね。みんなで同じ時間に回る角度《かくど》は同じです。すると、外側の人は、その同じ時間にたくさんの距離《きょり》を移動《いどう》しなくてはなりません。もちろん中心の人はほとんど動《うご》いてはいけません。では、このことを頭に入れて『時の踊り』のビデオを見てみましょう。」

レイ「ほんとだ。いちばん内側のおねえさんは少ししか動いていないし、外側のおねえさんは、ほとんどグランジュッテ

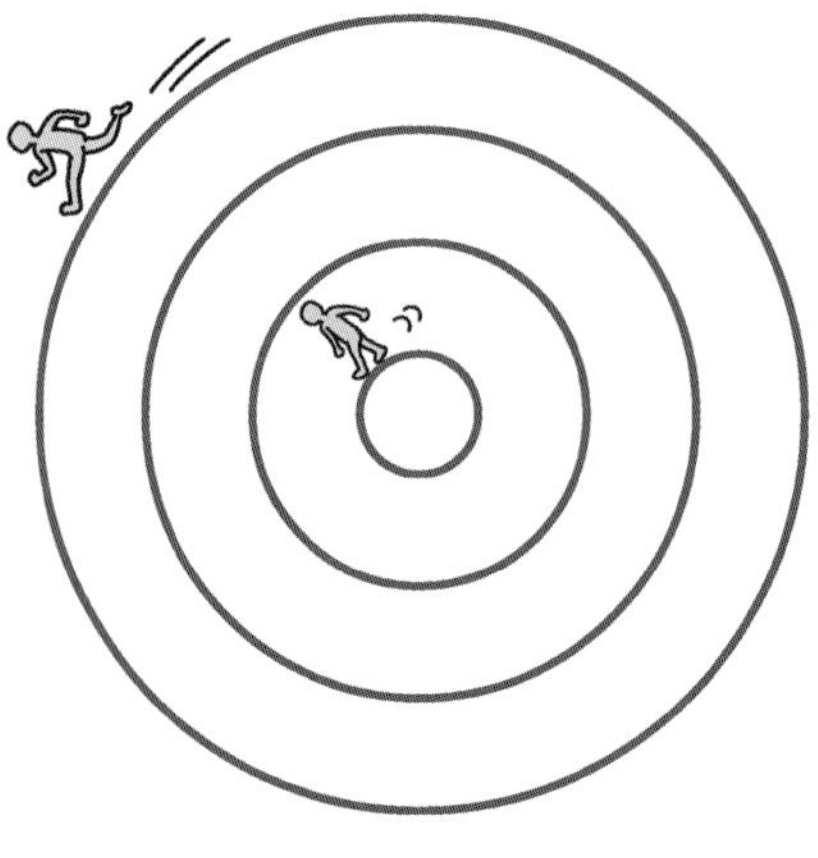

(足を前後に大きく開《ひら》いてジャンプするバレエの技《わざ》)になっている。こんなふうに動けばいいのね。先生、ありがとうございました。」

次《つぎ》の日、レイさんは、いっしょに走るメンバーにバレエ教室で聞いてきたことを話しました。

レイ「だから、2回ポールを回るとき、外側と内側は逆《ぎゃく》になるから気をつけてね。外側の人は大股《おおまた》で素早《すばや》く、内側の人はその場で向《む》きを変《か》えるだけね。」

メンバーの一人のみいさんが、心配《しんぱい》そうに言いました。

みい「回るコツはわかったけれど、私《わたし》はもともと走るのが苦手《にがて》なの。まっすぐ走るとき、みんなについていけるかしら。」

レイ「大丈夫《だいじょうぶ》よ。走るコツも聞いてきた。バレエでジャンプするときは、誰《だれ》も投《な》げ上げたり押《お》し上げたりはしてくれない。だから、自分で床《ゆか》を強く蹴《け》るよういつも言われるの。床を蹴ったお返《かえ》しに床が押してくれるから、その力を利用《りよう》するんだって。走るときも同じよ。『台風の目』だと、棒《ぼう》を持《も》っていれば引っ張《ぱ》られていくけれど、それだと全体《ぜんたい》に遅《おそ》くなってしまうし、誰かが後ろから押してくれるわけではないよね。だから、自分で地面《じめん》を強く蹴ってみて。そのお返しの力でけっこう前に進《すす》めるはずよ。」

みい「わあっ、ほんとだ。なんだか前に進める、進める。」

レイ「何かに力を加《くわ》えると、そのお返しの力を必《かなら》ずもらえるのを『作用反作用《さようはんさよう》の法則《ほうそく》』っていうんだって。初《はじ》めに加える力を作用の力、お返しの力を反作用の力というの。みいちゃんが地面を蹴るのが作用の力で、みいちゃんはその反作用の力で前に進めるのね。作用と反作用の力の大きさは同じで向きは逆だから、強く蹴れば蹴るほど、前に進む力は大きくなるの。」

みい「すごい。レイちゃんのバレエ教室の先生は、いろんなことを知っているのね。」

レイ「作用反作用の法則って、あちこちで見られるそうよ。宇宙《うちゅう》ロケットの打《う》ち上げでは、燃料《ねんりょう》ガスを強く下向きに噴射《ふんしゃ》して飛《と》び上がるそうよ。陸上《りくじょう》の短距離走《たんきょりそう》のスタートのところにあるブロックは、選手《せんしゅ》が蹴りやすい角度にしてスタートダッシュの力をもらいやすくしているのね。」

みい「ただ、速《はや》く走りたい、がんばらなくちゃとやみくもに思うだけではなくて、速く走る理屈《りくつ》を知って実行《じっこう》すればいいってことがわかったわ。」

問い　ＳＤＧｓ《エスディージーズ》の「平和《へいわ》と公正をすべての人に」の小さな成功例《せいこうれい》は、平和の祭典《さいてん》であるオリンピックで、世界中《せかいじゅう》の選手たちがスポーツで競《きそ》い合うことかもしれません。オリンピックのすばらしいところと、問題点《もんだいてん》を調《しら》べてみましょう。

答え　例《れい》:（すばらしいところ）オリンピック東京２０２０大会では参加国《さんかこく》と地域《ちいき》が２０５に達《たっ》した。ふだん対立していたりする国もいっしょに、１万１４２０人の参加者が正々堂々《どうどう》とスポーツで競い合った。

（問題点）薬物《やくぶつ》を使《つか》ってはいけない決まり（ドーピング禁止《きんし》）をめぐって不参加《ふさんか》などの問題がある。

台風の目が来ると風や雨が治《おさ》まるのはどうして？真《ま》ん中ならばいちばん強そうなのに

台風の目？

今度《こんど》は、本物《ほんもの》の台風の目のお話です。台風の季節《きせつ》には、ニュースで天気予報《てんきよほう》をひんぱんに見ます。かずきさんは、気象衛星《きしょうえいせい》の雲の写真《しゃしん》を見て、台風の雲のかたまりの真ん中が黒いことに気づきました。気象予報士《きしょうよほうし》さんは、それを「台風の目」と言っていましたが、かずきさんは、どうして「台風の目」ができるのか不思議《ふしぎ》に思って、気象予報士さんのN会社に行って聞いてみました。

かずき「台風の目ってなんですか。どうやってできるのですか。どうして、台風の白い雲の真ん中が黒くなるのですか。」

N会社「はい、では順番《じゅんばん》に説明《せつめい》しましょう。お風呂《ふろ》や洗面台《せんめんだい》に水をためて栓《せん》を抜《ぬ》くと、水が渦《うず》を巻《ま》いて流《なが》れ出しますね。やがて、渦の真ん中はくぼんできて、中心だけ水がほとんどなくなり、そのまわりをいきおいよく渦巻いた水が、流れていきます。台風の目は、この水の渦の真ん中に似《に》ています。」

かずき「なんとなく、イメージできました。」

N会社「台風の目というのは、この天気図の『台』という字が書いてある、何重《なんじゅう》もの丸の中心のところです。天気図の線は、気圧《きあつ》が同じ場所《ばしょ》を結《むす》んだものです。隣《となり》の線とは気圧が違《ちが》います。」

かずき「気圧ってなんですか。」

N会社「気圧というのは、空気の粒《つぶ》が、どれだけ多くどれだけいきおいよく飛《と》び回ってまわりを押《お》しているか、その力の強さです。気圧の低《ひく》いところでは、空気が薄《うす》くまわりを押す力も弱くなります。そういうところを低気圧《ていきあつ》といい、天気図には「低」と

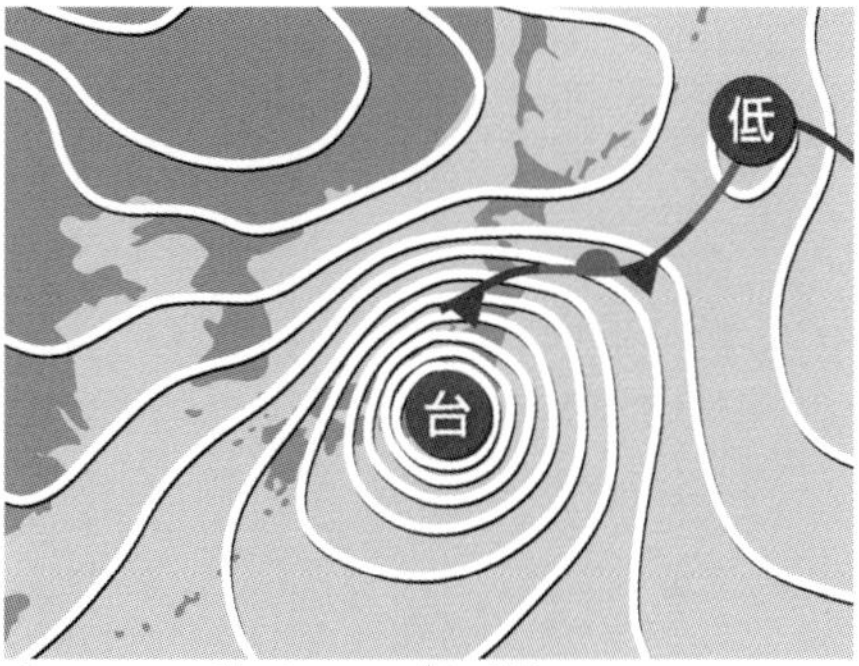

台風の予想天気図

いう字が書いてあります。低気圧には、気圧が高いまわりから空気が押し寄《よ》せてきて風が吹《ふ》き込《こ》むことになります。」

かずき「その低気圧が台風と関係《かんけい》があるのですか。」

N会社「そうです。低気圧が発達《はったつ》して、気圧が低くなるほど、まわりとの差《さ》が大きくなって、吹き込む風のいきおいは増《ま》します。台風は、低気圧から発達したものです。台風のまわりに何重にも線が書いてあるのは、その外側《そとがわ》に比《くら》べてずっと気圧が低いからです。また、低気圧があると雲ができます。太平洋《たいへいよう》の真ん中の赤道近くで、積乱雲《せきらんうん》、つまり入道雲《にゅうどうぐも》ができると、地球《ちきゅう》の自転《じてん》によって、北半球では反時計回《はんとけいまわ》り、南半球では時計回りに雲が渦を巻きはじめます。これが、台風のもと、熱帯《ねったい》低気圧の誕生《たんじょう》です。」

かずき「まだ、目はできていないですよね。」

N会社「さらに雲の渦がまとまってくると、いきおいがついて、渦の中心に、外に引っぱるような遠心力《えんしんりょく》が働《はたら》き出します。遠心力とは、遊園地《ゆうえんち》でぐるぐる回る乗《の》り物に乗ったとき、外側に飛ばされそうに感《かん》じる、あの力のことです。回転するものには必《かなら》ず生じます。台風では、まわりから内側にいきおいよく吹き込もうとする風の力と、内側から外に向《む》けて働く遠心力が合わさります。つまり台風の中心部《ちゅうしんぶ》には、反対《はんたい》向きの力が同じ大きさで存在《そんざい》することになります。」

かずき「それで、どうして台風の中心部に目ができるのですか。」

N会社「運動会《うんどうかい》の綱《つな》引《ひ》きを思い出してください。両方《りょうほう》から力いっぱい引いて、反対向きの力が同じ大きさで勝負《しょうぶ》がつかないとき、綱の真ん中は動《うご》きません。この状態《じょうたい》を力がつり合っているといいます。台風も同じで、力がつり合っている中心部は、力が働かないのと同じことになり、空気は動きません。これが台風の目です。」

かずき「なるほど、それで、雲がなくて写真では真っ黒なのですね。」

N会社「台風の目が上空を通過《つうか》するときは、嵐《あらし》がうそのように、風も雨もやみ、青空が見えます。」

かずき「ありがとうございました。よくわかりました。今度、台風が来たら気をつけて観測《かんそく》してみます。」

N会社「被害《ひがい》が大きくなることが多いから、来ないに越《こ》したことはないですね。」

問い　災害《さいがい》に備《そな》えてできることはないか、考えてみましょう。

答え　指定《してい》されている避難《ひなん》場所《ばしょ》に実際《じっさい》に行ってみると、いざというとき迷《まよ》わないですみます。避難は夜になることもあるので、できれば夜に一度行っておくとなお安心《あんしん》です。

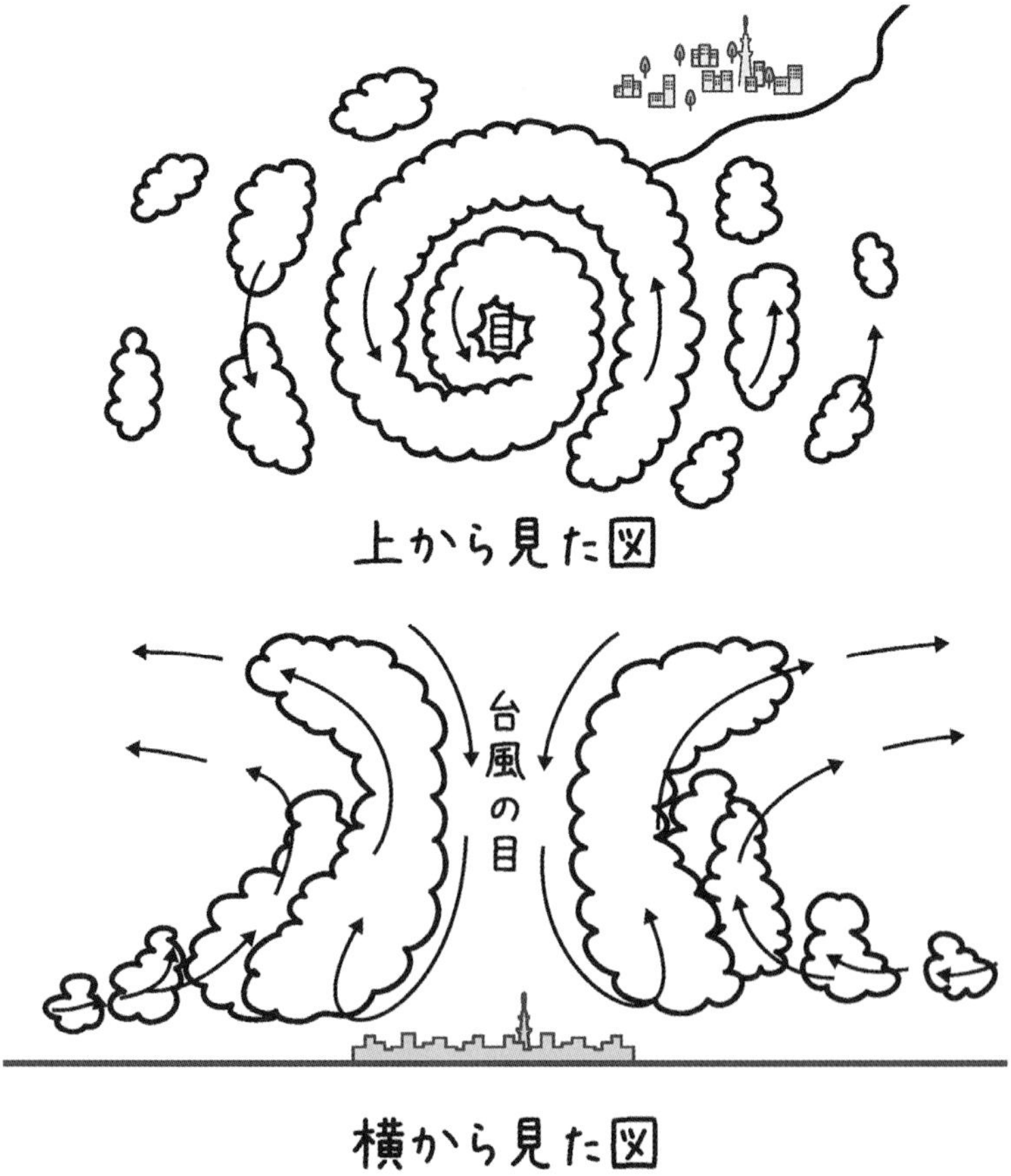

飛《ひ》行《こう》機《き》雲《ぐも》がいっぱいできるのはどんなとき?

秋の空は高く澄《す》み切っています。そんな空の中で、飛行機雲はほかの季《き》節《せつ》よりずっとくっきり見えるような気がします。わたるさんは、空を見上げて「飛行機なんか見えないのに、どうして飛行機雲っていうんだろう、何本も見えるときと全《ぜん》然《ぜん》見えないときがあるのはどうしてかな?」とつぶやきました。すると、いっしょに空を見上げていた、いとこのりかさんが教えてくれました。

りか「まず、ふつうの雲がどうやってできるのかといえば、上空の水《すい》蒸《じょう》気《き》が、チリやホコリを核《かく》にして水になって、目に見えるようになったものの集《あつ》まりが雲になるわけだよ。飛行機雲は、飛行機が通った後にできる雲なの。はるか上空で飛行機そのものは小さくて見えなくても、できた飛行機雲は広がるので見えるのよ。では、飛行機雲を作る水蒸気と核はどこから来たのかな。ふつうに上空にある水蒸気だけで、飛行機の通り道だけ、雲になることができるのかな。」

わたる「うーん、飛行機が水蒸気や核を出すのじゃ……。」

りか「その通りよ。実《じつ》は、飛行機の排気《はいき》ガスの中には多くの水蒸気が含《ふく》まれているの。そして、同時に、燃料《ねんりょう》ガスの燃《も》えかすなども排気している。このかすを核にして、水蒸気が水滴《すいてき》となり、飛行機の後ろに雲ができるのよ。」

わたる「飛行機が通る高さってどのくらいで、どのくらい寒《さむ》いのかな？」

りか「飛行機の排気ガスが、雲になれるほど十分に冷《ひ》やされるためには、マイナス30度《ど》よりも低《ひく》い温度《おんど》にならなくてはいけないの。その気温になるのは上空６０００メートル以上よ。外国に行く飛行機は、ふつう高度1万メートルの空を飛《と》ぶから、マイナス40度にはなって、雲ができる条件《じょうけん》を満《み》たしているわ。」

わたる「でも、飛行機はいっぱい飛んでいると思うんだけど、いつも飛行機雲ができるわけではないのは、どうして？」

りか「それはね、排気ガスの中の水蒸気は、まわりの空気が乾燥《かんそう》していると、水滴にならないことがあるからよ。それから、雲になっても、すぐに蒸発、つまりまた水蒸気にもどって消《き》えてしまうこともあるの。飛行機が飛ぶとき、まわりの空気に水蒸気がたくさん含まれている、つまり、湿度《しつど》が高く、できた飛行機雲が消えにくいとき、何本も見えることになるわ。お天気が悪《わる》くなる湿度の高い低気圧《ていきあつ》は高い空から近づいてくるから、いくら青空が広がっていても飛行機雲が何本も見えるときは、お天気が悪くなるきざしだというの。」

わたる「そうなんだ。飛行機雲で天気予報《てんきよほう》もできるんだね。」

りか「それから、飛行機雲にはもう一つのタイプもあるわ。飛行機が急旋回《きゅうせんかい》したときにできやすいの。急旋回すると翼《つばさ》の先のまわりに空気が渦《うず》を作り、ちょうどミニ台風のようになる。そして、渦の中心の気圧が下がり、気温も下がって雲ができるの。」

わたる「ふうーん。飛行機雲っていろいろおもしろいんだね。それでは、ブルーインパルス*が雲のようなもので空にもようを描《えが》いたりするのは、飛行機雲ではないの？」

りか「そうね。ブルーインパルスは、スピンドルオイルという油《あぶら》をエンジンの排気口から噴射《ふんしゃ》するの。エンジンの排気の熱《ねつ》で気化《きか》したオイルが大気中で冷やされて、もとのオイルにもどって、これが白いスモークになるのね。」

わたる「なるほど。だから、消えにくくて空にもようが描けるんだね。ところで、今日は、飛行機雲ができてもすぐ消えちゃうから、明日もいい天気だね。」

りか「そうね、よかったわね。」

問い ヘリコプターが飛んでいっても、長く白い飛行機雲はできない。それはなぜ？

答え 飛ぶ高度が、雲ができやすい高度よりずっと低い。また、プロペラの回転《かいてん》で飛ぶので、排気ガスが少ないから。

*航空自衛隊《こうくうじえいたい》のアクロバット飛行専門《せんもん》チーム

コラム

SDGs《エスディージーズ》の「産業《さんぎょう》と技術《ぎじゅつ》革新《かくしん》の基盤《きばん》をつくろう」を考えるとき、今までの技術革新がどのように起《お》こったかを学び、その上で、これからのあり方を考えなければなりません。飛行機はとても大きな技術革新でした。

ライト兄弟は有名《ゆうめい》ですが、日本でも、浮田《うきた》幸吉《こうきち》や二宮忠八《にのみやちゅうはち》の試《こころ》みの意義《いぎ》は大きいものでした。浮田幸吉は江戸時代中頃《えどじだいなかごろ》に、竹の骨組《ほねぐ》みに紙や布《ぬの》を張《は》った翼《つばさ》をつけて飛行を試みました。残念《ざんねん》ながら数メートル飛んだか、すぐに落下《らっか》したか、だったそうです。二宮忠八は、明治《めいじ》から昭和《しょうわ》にかけて、今でもよく見かけるゴム動力《どうりょく》の模型飛行機《もけいひこうき》を作り、そこから人が乗《の》ることができる飛行機の開発《かいはつ》を試みました。しかし、ライト兄弟に先を越《こ》された失意《しつい》から開発の気力を失《うしな》い、こちらも残念ながら実現《じつげん》には至《いた》りませんでした。けれども、二人の思いは、第二次世界大戦《だいにじせかいたいせん》後初《はつ》の国産旅客機《こくさんりょきゃくき》YS《ワイエス》・11《いちいち》の開発に確実《かくじつ》につながりました。

空を見上げるとき、先人の努力《どりょく》にも思いをはせてみたいものです。

夕日が山に沈《しず》むとき、山の下にある向《む》こうの町は燃《も》えないの？

ひさしさんのおうちのはるか向こうの西側《にしがわ》には、山々が連《つら》なっています。ひさしさんは、小さい頃《ころ》、真《ま》っ赤な夕日が山に沈むのを見るとき、いつも心配《しんぱい》になっていました。お隣《となり》の町に夕日が落《お》ちてきて焼《や》けてしまうのではないかと。けれども、ニュースでお隣の町が火事《かじ》になったとは言っていません。それが不思議《ふしぎ》でなりませんでした。さすがに大きくなった今では、そんなことはあり得《え》ないし、かわいい疑問《ぎもん》だったなあとは思いますが、それでも、今でも、どうして夕日は赤いのか、太陽《たいよう》が沈むってどういうことなのかということはわかりません。そこで、児童館《じどうかん》の先生に聞いてみました。

先生「夕焼けはとてもきれいですね。太陽の光は、虹《にじ》でわかるように七色の光の集《あつ》まりです。それから、私《わたし》たちの地球《ちきゅう》は空気につつまれています。太陽が沈むとき、太陽の光は、この厚《あつ》い空気の層《そう》を通って私たちの目に届《とど》きます。太陽が私たちの真上にあるときよりも、ずっと長い距離《きょり》を空気の中を通ってやってきます。そのため、途中《とちゅう》の空気の粒《つぶ》、そして空気中のホコリやチリにじゃまされずに進《すす》める、赤い光だけが、私たちの近くまで届くことになるのです。その届いた太陽の光が、雲などにはね返《かえ》り、赤く見えるのが夕焼けです。」

ひさし「へえー。でも、どうして赤い色の光はじゃまされないのですか。」

先生「光は、波《なみ》のようなふるまいをします。赤い色の光は、青色の光に比《くら》べて、ゆったりとした波です。それで、空気の粒やチリ、ホコリの間をゆったりすり抜《ぬ》けて進むことができるのです。青色の光は、赤よりも細かい波なので、じゃまするものにぶつかりやすく、なかなか遠くまで進めません。そのぶん空に広がるので昼間は青空なのです。＊

太陽は東の空からのぼり、西の空に沈むように見えます。地平線《ちへいせん》の近くにあるように見えますが、太陽は地球からずっと遠い宇宙《うちゅう》の中、およそ１億５０００万キロメートル離《はな》れたところで光と熱《ねつ》を発《はっ》しています。宇宙の中では、私たちの住《す》む地球が、太陽のまわりを約３６５日かけてまわっていて、これを公転《こうてん》といいます。また、地球そのものも１日に１回転して、これを自転といいます。ですから、西の向こうの町に沈むように見えても、実《じつ》は地球の上の私たちが住んでいるところが、太陽の光の当たらない陰《かげ》に入っていくだけなのです。

ところで、ひさしさんは、虹の色の順番《じゅんばん》を知っていますか。」

ひさし「はい！　赤橙黄緑《せきとうおうりょく》 青藍紫《せいらんし》です。」**

先生「お見事《みごと》！　さっき言った光の波のゆったり具合《ぐあい》もこの順番です。ということは、じゃまするものをすり抜ける具合もこの順番です。太陽が沈むとき、昼間の青空からいきなり真っ赤な夕焼けになるのではなく、青空から、がんばって届く黄色っぽい空や太陽になり、次第《しだい》に橙《だいだい》つまりオレンジ色、そして赤へと変化《へんか》していきます。夕方になったら、しばらく空や太陽の色の変化を観察《かんさつ》するとおもしろいですよ。だいたい数分でどんどん変化していきます。」

ひさし「ぜひ、やってみます。と、いうことは、朝焼けはこの逆《ぎゃく》になるということですか。」

先生「その通りです。すばらしい気づきですね。赤い色の光が遠くまで届くということは、信号機《しんごうき》の止まれが赤だったり、警告《けいこく》のランプが赤だったりすることに役立《やくだ》っています。遠くからも見えますからね。」

ひさし「そうか、いろいろな光の色には意味《いみ》があるのですね。それも調《しら》べてみます。」

先生「それにしても、夕焼けを見てお隣の町を心配《しんぱい》するなんて、ひさしさんはやさしい子なんですね。」

ひさし「へへへっ。」

問い 夕焼けになると、白いビルの壁《かべ》まで赤く染《そ》まって見えるのはなぜ。

答え 舞《ぶ》台《たい》照《しょう》明《めい》のスポットライトで緑色《みどりいろ》の光を当てれば、舞台が緑色になるのと同じで、夕《ゆう》暮《ぐ》れのせいで、ほとんど赤い光だけしか当たらないので赤く見える。昼間はすべての色の光が当たっているから白く見えている。

＊空はなぜ青いかについては第《だい》3巻《かん》10ページを参《さん》照《しょう》

＊＊虹の色の順番については第3巻42ページを参照

生き物《もの》の命《いのち》を支《ささ》える木の実《み》。どんぐりにいろんな形があるのはどうして？

さやさんは、お兄さんのかいさんと、近所《きんじょ》の雑木林《ぞうきばやし》にどんぐり拾《ひろ》いにきました。

さや「いろいろな形のどんぐりがあるのねえ。」

かい「どんぐりという名前の木はなくて、いろいろな木の実が『どんぐり』と呼《よ》ばれるんだよ。」

さや「えーっ?!　ずっと、マツの木、スギの木みたいに、どんぐりっていう木があるんだと思ってた。」

かい「日本では20種類《しゅるい》以上《いじょう》もあるんだよ。今日は図鑑《ずかん》を持《も》ってきたから、どんな木の

どんぐりか調《しら》べてみよう。見分けるコツはどんぐりの帽子《ぼうし》だね。正しくは殻斗《かくと》っていうんだよ。まず、これは、コナラだね。いちばんよく見かけるどんぐりだ。殻斗がベレー帽みたいだね。もじゃもじゃした殻斗はこっちがクヌギ、こっちがアベマキ。見分け方は殻斗が反《そ》り返《かえ》っているのがクヌギだ。これは、シラカシ。」

さや「私《わたし》、このどんぐりの帽子大好《だいす》き。横縞《よこじま》でかわいいんだもの。」

かい「で、これがマテバシイ。殻斗が小さめでちょこんとのっている感《かん》じだね。」

さや「きゃあ、どんぐりに小さな穴《あな》があいていて、中からウジが出てきた!!!」

かい「それはどんぐりに卵《たまご》をうみつけ、幼虫《ようちゅう》のえさにする昆虫《こんちゅう》のしわざだね。虫だけではなくて、どんぐりは森の生き物《もの》の大事《だいじ》な

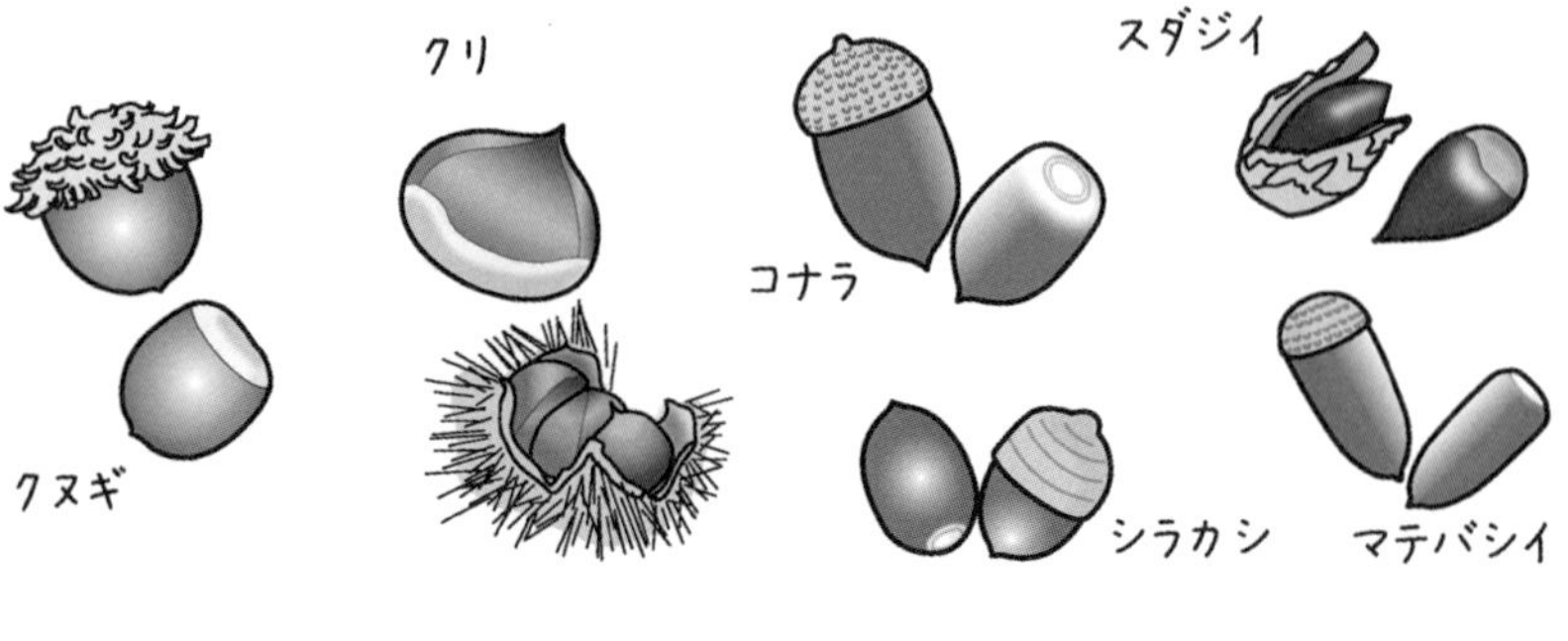

食べ物だよ。ネズミやリス、ムササビ、それからカケスなどの鳥、クマも食べるよ。それから人間も食べるよ。昨日《きのう》、栗《くり》のモンブランを食べたね。栗もどんぐりなんだ。」

さや「どんぐりって、食べられてしまったり、やじろべえやコマにされてしまったりして、かわいそうな実ね。」

かい「いや、そうじゃないよ。食べられるのは、どんぐりの〝作戦《さくせん》〟なんだよ。どんぐりは実、すなわちタネだから、地面《じめん》に落《お》ちれば芽《め》が出るね。どんぐりのとがったところが芽の出るところだよ。タンポポのような綿毛《わたげ》のついた軽《かる》いタネなら、風に吹《ふ》かれて遠くまでタネが運《はこ》ばれ、そこで芽を出すことができる。けれども、どんぐりは大きくて硬《かた》いので、動《うご》くといってもせいぜい坂《さか》をコロコロ転《ころ》がるくらいだ。そこで、動物に運んでもらっているのさ。特《とく》にカケスは、くわえて飛《と》んで、遠くまで運んでくれるよ。それから、どんぐりは乾燥《かんそう》に弱いから、地面に落ちたままだとだめになってしまう。けれども、リスやネズミは、どんぐりを貯《た》めこむために地面に埋《う》めるのだけど、どうやら埋めたことを忘《わす》れてしまうことがあるらしい。どんぐりにとっては願《ねが》ってもないことだね。こんなふうに、どんぐりと森の動物は助《たす》け合って生きている。」

さや「そうなんだ。私もどんぐりを庭《にわ》や植木鉢《うえきばち》に植えて、育《そだ》ててみようかな。」

かい「そのまま土に埋めてもなかなか芽を出しにくいよ。だから、森がどんぐりの木だらけになったりはしない。家で育てるなら、まずは、拾ったどんぐりを水に入れてみよう。浮《う》いたどんぐりは多分、虫がいるか、すでに食べられてしまっているから発《はっ》芽《が》しない。水に浸《ひた》して次《つぎ》の日くらいに、植木鉢の土に横向《よこむ》きに埋めるといいよ。土が乾《かわ》かないように気をつけてね。」

さや「お兄ちゃんも手伝《てつだ》ってくれるといいなあ。」

かい「もちろんだよ。それで、来年の春になって、芽が出て、葉《は》っぱが2～4枚《まい》になったら植えかえよう。それから、大事なことがあるよ。どんぐりを拾うときは、よくばらず、動物が食べる分、芽を出して新しいどんぐりの木になる分、次にどんぐり拾いにくるお友達《ともだち》の分、それぞれ残《のこ》しておいてあげようね。」

太《たい》陽《よう》の黒点と月の黒いところは違《ちが》うの？

今日は満月《まんげつ》です。お月見にちなんでか、テレビで月と太陽についての番組があったので、さちさんはおうちの人といっしょに見ました。

『太陽の黒いところは黒点、地《ち》球《きゅう》上《じょう》からはウサギに見える月の黒いところは「海」といいます。写真《しゃしん》ではどちらも黒いですが、まったく違《ちが》います。

月の海の黒色は、宇宙《うちゅう》から飛《と》んできたいん石が月にぶつかって、内部から吹き出した玄《げん》武《ぶ》岩《がん》の溶岩《ようがん》の色です。そのぶつかったところをクレーターといいます。太陽の黒点は、まわりよりも温度《おんど》が低《ひく》いので黒く見えます。太陽の表面《ひょうめん》の温度は６０００度くらいで黒点のところは４０００度くらいです。

まず、クレーターから考えてみましょう。粘土《ねんど》で大きなボールをこしらえて、ビー玉をぶつけると、粘土のボールがへこみ、何度もやるとへこんだ穴《あな》だらけのボールになってしまいます。昔《むかし》、月にもたくさんのいん石が衝突《しょうとつ》しました。月の硬《かた》い地面は、大きくえぐれて粉々《こなごな》になり、今の地面には、わずかないん石の粉と、月を作っていた岩の粉末《ふんまつ》が分厚《ぶあつ》く積《つ》もっています（月の表面については第1巻78ページを参照《さんしょう》）。実《じつ》は、地球《ちきゅう》にもいん石は衝突していて、ロシアにはとっても大きなクレーターがあります。しかし地球は空気につつまれているので、空気とこすれて燃《も》えつきてしまうものも多く、地上までたどりつくのは、よほど大きないん石だけです。月には大気がないので、そのままたくさんのいん石がぶつかり、クレーターだらけになったと考えられています。クレーターは月に大気がない証拠《しょうこ》でもあるのです。

次《つぎ》は、太陽の黒点のお話です。太陽は高い温度の星なので、いん石がぶつかっても、あっという間に燃えてしまいます。ところで、バーベキューに行ったとき、炭《すみ》を使《つか》ったことがありますか？　炭は燃え出すと、真《ま》っ赤になって熱《あつ》そうです。ところが、炭を足そうとして冷《つめ》たい火箸《ひばし》が触《ふ》れると、そこだけ急《きゅう》に黒っぽくなります。黒点もこれに似《に》ています。太陽に限《かぎ》らず、高温のものは赤く熱くなり、さらに高温になると白く熱くなります。そして、温度が低くなると光を出さない黒になります。

　では、どうして太陽のそこだけ、温度が低いのでしょうか。黒点では、磁石《じしゃく》がもっているのと同じ力、磁力が強く働《はたら》きます。磁力が働く場所《ばしょ》を磁場といいます。知っている人もいるかと思いますが、地球も全体《ぜんたい》が磁石になっているので、地上は磁場です。それで、方位磁針《ほういじしん》で方角を知ることができます。黒点の磁場は地球の1万倍《ばい》近い強さです。この強い磁場のせいで、太陽が生み出す熱《ねつ》と光が出るのがじゃまされ、そこだけ温度が低くなり黒くなるのです。

　黒点はたえず形や大きさが変化《へんか》し、生まれては成長《せいちょう》し、そして小さくなって消《き》えていきます。その強い磁場が地球に影響《えいきょう》をおよぼし、オーロラを輝《かがや》かせたり、地球上を飛びかう電波《でんぱ》のじゃまをして、電波障害《でんぱしょうがい》を引き起《お》こしています。この電波障害については、現在《げんざい》、対策《たいさく》が考えられています。

　黒点は古くから知られていて、今から２０００年ほど昔、中国で観測《かんそく》されたのが、最《もっと》も古い記録《きろく》のようです。またガリレオ（１５６４－１６４２）は、自作の望遠鏡《ぼうえんきょう》で観測《かんそく》し、黒点が毎日動《うご》くことから、太陽が自転《じてん》していることを確《たし》かめました。世界《せかい》中《じゅう》には黒点の例《れい》のように、古代《こだい》からの貴重《きちょう》な知識《ちしき》が多く蓄《たくわ》えられていて、私《わたし》たちはそれをもとに、さらに新たに多くの知識を増《ふ》やしています。これを当然《とうぜん》のように知ることができるのは、この番組を見ているみなさんが、日本に暮《く》らしているからでしょう。誰《だれ》でも学びたいことを自由《じゆう》に学ぶことができるようになったのは、日本においてもまだまだ日が浅《あさ》いのです。ＳＤＧｓ《エスディージーズ》の「質《しつ》の高い教育《きょういく》をみんなに」はとても大切な目《もく》標《ひょう》です。そして、これを目標としているということは、達成《たっせい》されていないということです。世界《せかい》にはまだまだ学ぶ権利《けんり》を当然とされていない地域《ちいき》が多くあります。ユネスコ（国連《こくれん》の専門機関《せんもんきかん》の一つ）の報告《ほうこく》などを調《しら》べて、みなさんが世界の状況《じょうきょう》を学ぶ機会《きかい》を持《も》っているということを、おおいに役立《やくだ》てて欲《ほ》しいと思います。』

ウイルスってなんですか？ ばい菌《きん》とは違《ちが》うの？ ワクチンってなんですか？

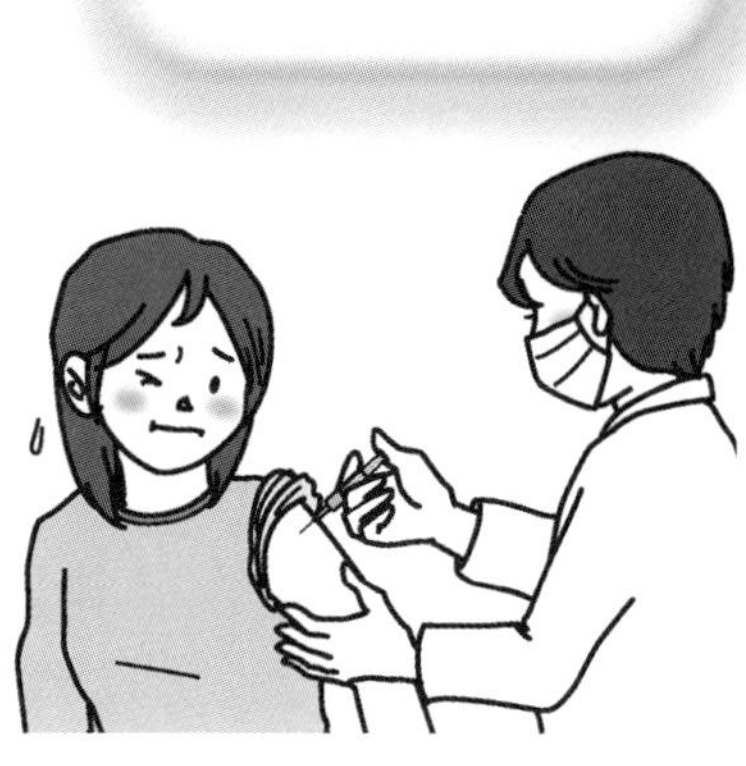

今日は、インフルエンザのワクチン接種《せっしゅ》の日です。さよさんは、ドキドキしながら順番《じゅんばん》を待《ま》っている間、案内《あんない》の看護師《かんごし》さんに聞いてみました。

さよ「インフルエンザってウイルスでうつるって聞いたのですが、ウイルスってなんですか？　ばい菌とは違うのですか？　それから、ワクチンってなんですか？　どうしてワクチンを注射《ちゅうしゃ》するとインフルエンザにかからないのですか？」

看護師「どれも、とてもいい質問《しつもん》ですね。病気《びょうき》のことをちゃんと知るのは大切なことです。順番にお話ししていきますね。

ウイルスに似《に》たものに細菌《さいきん》があります。みなさんは、よくばい菌と言っていますね。ウイルスも細菌もどちらも目には見えないくらい小さい生き物《もの》（微生物《びせいぶつ》といいます）で、体の中に入ると病気を引き起《お》こします。けれども、生き物としては、まったく違います。まず、細菌は一つの細胞《さいぼう》でできています。細胞ですから、栄養《えいよう》を取《と》り入れてエネルギーを生み出し、また自分で自分を増《ふ》やすことができます。大きさは細菌によって違いますが、１ミリメートルの１０００分の１くらいで、レンズを使《つか》った顕微《けんび》鏡《きょう》で見ることができます。食中毒《しょくちゅうどく》の原因《げんいん》はたいてい細菌で、ほかに肺炎《はいえん》、結核《けっかく》なども細菌を主《おも》な原因とする病気です。

ウイルスは細菌よりも、もっと単純《たんじゅん》で、遺伝子《いでんし》のまわりをタンパク質がおおっただけのつくりです。当然、細菌よりもずっと小さく、電子顕微鏡という特別《とくべつ》な顕微鏡でしか見えません。ウイルスは、一般的《いっぱんてき》な風邪《かぜ》のほかに、インフルエンザ、コロナ、そしてノロなどの胃腸炎《いちょうえん》と、実《じつ》に多くの病気を引き起こします。ウイルスは、自ら増えることはできません。ほかの生物を宿主《しゅくしゅ》（寄生《きせい》、または共生《きょうせい》する相手）にして、自分の遺伝子の情報《じょうほう》をコピーすることで増えていきます。宿主の細胞はウイルスに感染《かんせん》すると死滅《しめつ》してしまうので、ウイルスは次々《つぎつぎ》宿主を探《さが》さなくてはなりません。だから、ウイルスの感染力は強いのです。」

さよ「病気になったら、どのようにして治《なお》すのですか。」

看護師「治療方法《ちりょうほうほう》は、細菌とウイルスでは違います。細菌には抗《こう》生物質《せいぶっしつ》という薬《くすり》がとてもよく効《き》きます。抗生物質は20世紀最大《せいきさいだい》の発明《はつめい》と言っても過言《かごん》ではないでしょう。抗生物質のおかげで、昔《むかし》は死に至《いた》ったケガや病気が治るようになったからです。ただ、ウイルスには抗生物質は効きません。風邪は薬では治らないと言われているのは、そのためです。それぞれのウイルスごとに抗ウイルス薬というものも開発されていて、インフルエンザについてはかなり有効《ゆうこう》ですが、感染後48時間以内《いない》に使用しなければならない

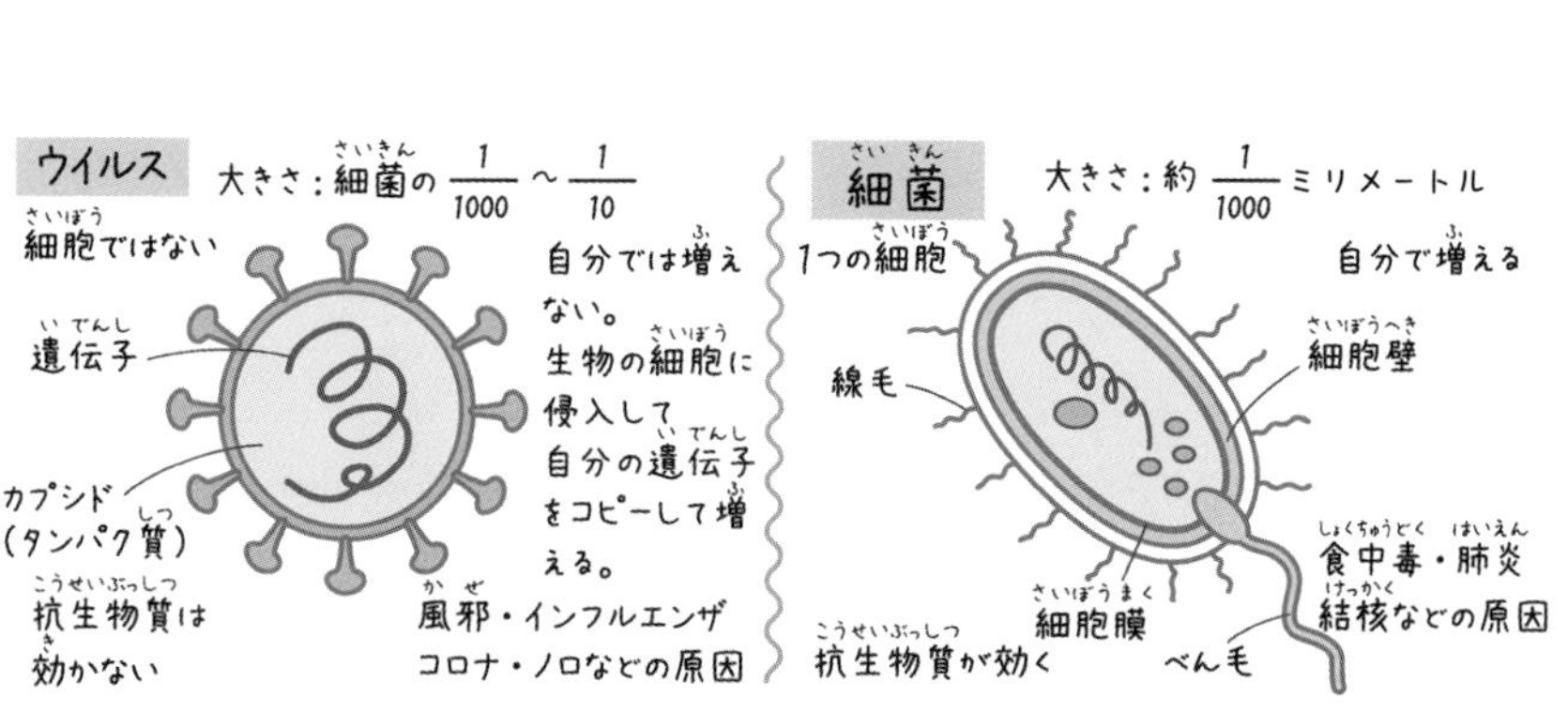

というような制約《せいやく》はあります。」

さよ「病気にならないようにするのが、ワクチンなのですね。」

看護師「そうです。私《わたし》たちは、一度病気にかかると、同じ病気にはかかりにくくなります。これを免疫《めんえき》といいます。この仕組《しく》みを利用《りよう》したのがワクチンです。ウイルスの毒性《どくせい》をなくすか弱くしたのがワクチンで、あらかじめ体の中に入れておくと、新たなウイルスが入ってきたときに増殖《ぞうしょく》しないようにする働《はたら》きをします。ただ、新型《しんがた》コロナのワクチンは遺伝子《いでんし》を操作《そうさ》する別の方法で作られています。今日は、さよさんはインフルエンザのワクチンを打《う》ちますが、これまでにも予防接種《よぼうせっしゅ》といって、いろいろなワクチンを打ってきたと思います。」

さよ「それで、大きな病気にはかからなかったのですね。」

看護師「でも、病気にならないようにするには、ワクチンに頼《たよ》るだけでなく、体の免疫力を高めることも大切です。」

さよ「よく聞くのですが、免疫力ってなんですか。」

看護師「免疫には2通りあって、これまでお話ししたワクチンで得《え》られるのは「獲得《かくとく》免疫《めんえき》」といいます。もう一つは、私たちの体にもともと備《そな》わっている「自然《しぜん》免疫」です。「自然免疫」は、体に入ってきた細菌やウイルスに対《たい》して闘《たたか》ってくれる生まれながらに持《も》っている仕組みです。「自然免疫」は、しっかり食事《しょくじ》をとり、十分に睡眠《すいみん》をとり、適度《てきど》に運動《うんどう》することで、つまり体を丈夫《じょうぶ》にすることで、高めることができるのです。逆《ぎゃく》に体が弱って免疫力が低下《ていか》していると、思わぬ病気にかかったりしますよ。さよさん、順番《じゅんばん》がきたみたいですよ。」

さよ「はい、痛《いた》いのはがまんしてワクチンを打ちます。それから、ふだんの生活にも気をつけます。お話ありがとうございました。」

問い 今までにどんなワクチンを打っているか、おうちの人に確認《かくにん》してみよう。

答え 例《れい》：ＢＣＧ（結核《けっかく》を予防する）など。

コラム

SDGs《エスディージーズ》の「すべての人に健康《けんこう》と福祉《ふくし》を」では、世界中《せかいじゅう》の子どもなどが、いろいろな重要《じゅうよう》なワクチンを適切《てきせつ》なときに受けられるようにすることも目指《めざ》しています。また、今それを実現《じつげん》するために、たとえばユニセフ*やジャイカ**や国境《こっきょう》なき医師団《いしだん》などが、国境を超《こ》えて協力《きょうりょく》しています。国境なき医師団は、2022年夏に世界最大規模《さいだいきぼ》の麻疹《ましん》の流行《りゅうこう》がソマリアで起《お》こった際《さい》に、麻疹のワクチン接種《せっしゅ》を行いました。

ソマリアでは、数年にわたった干《かん》ばつで、清潔《せいけつ》な水を得られない状況《じょうきょう》で、内戦《ないせん》の避難《ひなん》民《みん》のキャンプで感染症《かんせんしょう》が広がりやすくなっています。子どもは環境の悪化《あっか》で免疫力が低く、死亡率《しぼうりつ》が高くなっています。SDGsで「安全《あんぜん》な水とトイレを世界中に」と掲《かか》げるのも、こういう事態《じたい》を改善《かいぜん》したいからです。

＊ユニセフ＝国際連合児童基金《こくさいれんごうじどうききん》

＊＊ジャイカ（JICA）＝独立行政法人《どくりつぎょうせいほうじん》国際協力機構《こくさいきょうりょくきこう》

4

理科の冬《ふゆ》物《もの》語《がたり》

雪ウサギはどうして消《き》えちゃうの？

今日は、昨日《きのう》の雪がウソのような、暖《あたた》かい日差《ひざ》しが注《そそ》いでいます。

みい「あら、昨日作った雪ウサギがもういなくなっている。」

みいさんは、先生に報告《ほうこく》しました。

先生「みいさん、それは、残念《ざんねん》でしたね。雪ウサギの雪は、水が凍《こお》って空から降《ふ》ってきたものです。水は、氷《こおり》、水、水蒸気《すいじょうき》とその姿《すがた》を変《か》えます。冷《つめ》たい雪がやんで、暖かい日差しがやってくると、雪はとけて水や水蒸気になります。水の様子《ようす》の変わり方については、「卵《たまご》の汗《あせ》」（65ページ）を読んでください。雪ウサギが消えたのは、水蒸気

になって目に見えなくなったからですね。」

みい「そうですね。南天で作った目だけが残《のこ》っています。」

先生「さらに、お天気のいい日が続《つづ》くと、空気といっしょに温《あたた》められた水蒸気は、空に昇《のぼ》っていきます。高い山の上が寒《さむ》いことからわかるように、山よりもっと高い空の上はもっと気温《きおん》が低《ひく》いので、水蒸気は冷《ひ》やされ、水になり、さらに氷になります。この水や氷でできているのが、雲です。」

みい「雲があると、雨や雪が降《ふ》りますね。」

先生「氷のまま地上に舞《ま》いおりたのが雪*です。地面に積《つ》もると、また雪ウサギを作ることができます。氷が地上に落《お》ちる途中《とちゅう》で溶《と》けると雨になります。たくさんの雨や雪どけ水は、やがて川になり、海に流《なが》れていきます。海は広く、たくさんの水をたたえ、それらの水も、雪ウサギと同じように、どんどん水蒸気になり、空に昇って雲を作ります。私《わたし》たちが住《す》んでいる地球《ちきゅう》では、こんなふうに地上と空の間を、水がめぐりめぐっているのです。」

みい「地球は『水の惑星《わくせい》』だという言葉《ことば》を聞いたことがあります。」

先生「そうですね。地球の表面《ひょうめん》の10分の3が陸地《りくち》で、残りの10分の7が海ですからね。みいさん、スペースシャトルや国際宇宙《こくさいうちゅう》ステーションからの地球の映像《えいぞう》を見たことがありますか。」

みい「あります。海がほんとうにきれいな青色**です。」

先生「そうすると、地球には水がいっぱいあると思うかもしれないけれども、ほとんどが海水で、塩分《えんぶん》が含《ふく》まれていない淡水《たんすい》は多くはないのです。」

みい「淡水の割合《わりあい》ってどのくらいなのですか。」

先生「地球全体《ぜんたい》の水の１００分の2・5くらいです。」

みい「そんなに少ないのですか。それでは、もっと水を大切にしなければいけませんね。ＳＤＧｓ《エスディージーズ》で『安全《あんぜん》な水とトイレを世界中《せかいじゅう》に』とありますが、そんなに少ないと、世界の中には水が足りない地域《ちいき》があっても不思議《ふしぎ》でない気がします。」

先生「その通りですね。ところで、地球上の生き物《もの》は海から生まれました。ということは、地球以外《いがい》の星に水があれば、生き物が存在《そんざい》している可能性《かのうせい》が出てきます。それで、水のある星の探索《たんさく》が行われているのです。」

みい「見つかったのですか。」

先生「水星や火星などの太陽系《たいようけい》の惑星《わくせい》では無理《むり》なようです。最近《さいきん》、水の惑星かもしれ

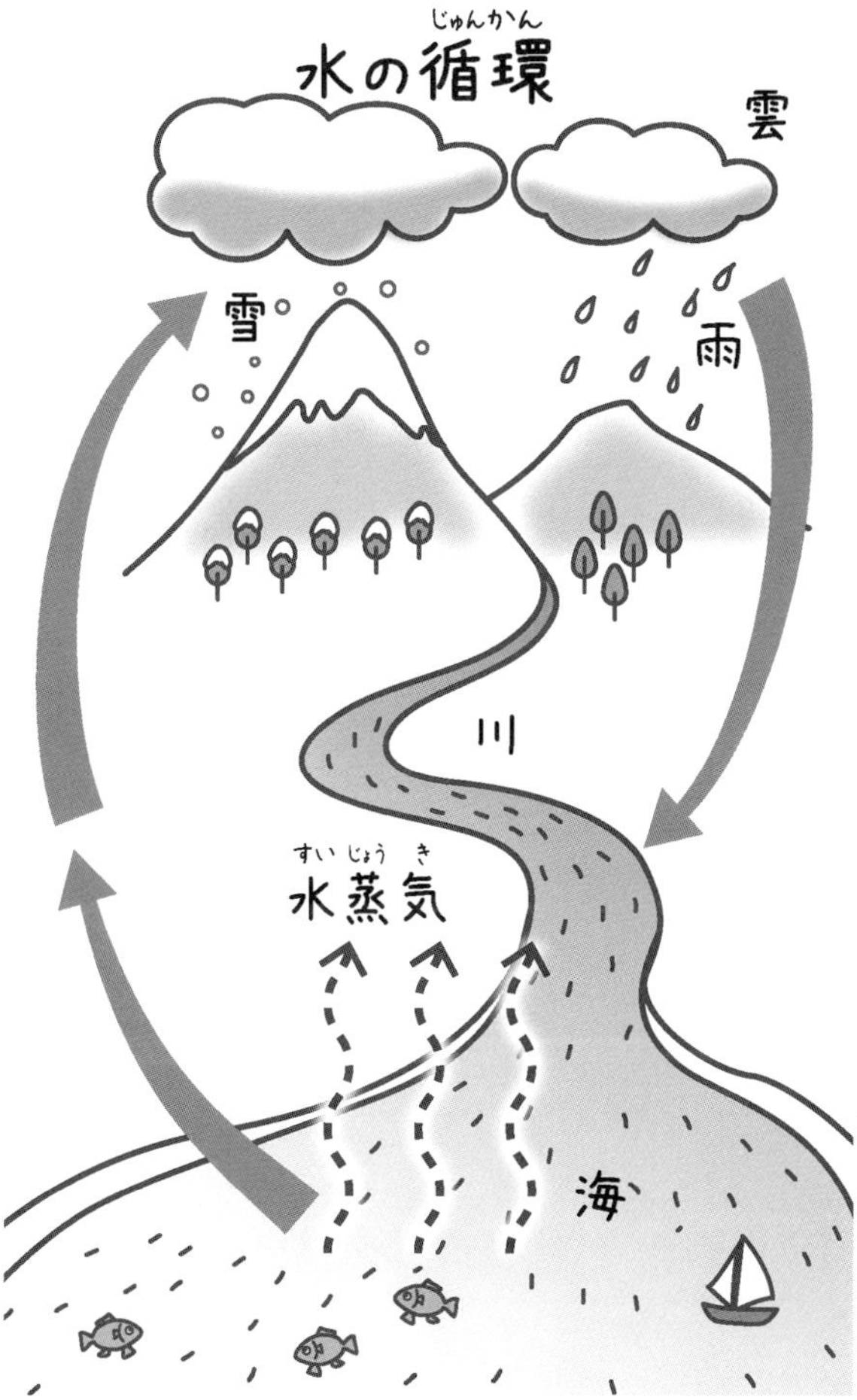

ない星が見《み》つかったという発表《はっぴょう》がありました。地球から２１８光年先のこと座《ざ》にある「ケプラー１３８」という恒星《こうせい》のまわりを回っている惑星《わくせい》「ケプラー１３８ｃ」と「ケプラー１３８ｄ」です。宇宙望遠鏡《うちゅうぼうえんきょう》を使《つか》った観測《かんそく》データによる２つの惑星の大きさと質量《しつりょう》から、これらの惑星が、岩石よりは軽《かる》く、水素《すいそ》やヘリウムよりは重《おも》い物質《ぶっしつ》でできているということがわかりました。では何《なに》でできているかと考えたとき、有力《ゆうりょく》な候補《こうほ》が水なのだそうです。」

みい「なんだか、わくわくしますね。」

先生「惑星だけにね。ただし、地球のように液体《えきたい》の水の海が広がっているのではなく、厚《あつ》い水蒸気の大気におおわれていて、その下に液体の状態《じょうたい》で存在するかもしれないということです。今後の観測結果《かんそくけっか》が楽しみですね。」

＊雪の結晶《けっしょう》については第《だい》２巻《かん》１３３ページを参照《さんしょう》

＊＊海の青さについては第３巻37ページを参照

風邪《かぜ》をひくとどうしてのどが痛《いた》くなったり、鼻水《はなみず》や咳《せき》が出たりするの？

るり「風邪をひいたみたい。のどが痛いし、鼻水も出る。咳も出る。どうして、風邪をひくとこんなふうになるのかな。そうだ、保健室《ほけんしつ》の先生に聞いてみよう。」

先生「るりさん、熱《ねつ》はないようですね。無理《むり》をしないで、お話を聞いたら早くおうちに帰って、ゆっくり休んでくださいね。風邪の多くは、ウイルスというとても小さな生き物《もの》が、体の中に入ることによって起《お》こります。私《わたし》たちは、いつでも息《いき》をしているので、ウイルスは鼻やのどから入ってきます。また、ウイルスがついた手を口に運《はこ》ぶと、口から入ったりもします。風邪を予防《よぼう》するために、手洗《てあら》いとうがい、マスクをつけることが大切な理由《りゆう》は、ウイルスを体の中に取《と》り込《こ》まないためです。また、風邪をひいたとき、ほかの人にうつさないためにもマスクは大事《だいじ》ですね。」

ウイルスが、鼻やのどの粘膜《ねんまく》につくと、免疫細胞《めんえきさいぼう》という細胞がウイルスと戦《たたか》います。そのとき、炎症《えんしょう》を起《お》こす物質《ぶっしつ》を出すので、粘膜《ねんまく》は充血《じゅうけつ》して腫《は》れ上がります。のどが痛くなるのは腫れるからです。鼻の場合は、体液《たいえき》がしみ出してきます。これが鼻水です。のどが痛くなったり鼻水が出るのは、るりさんの体がウイルスをやっつけている証拠《しょうこ》です。それから、風邪をひくと熱が出ることも多いです。これは体温が上がると免疫細胞が活発《かっぱつ》になるからです。熱が出たとき寒気《さむけ》がしてブルブル体が震《ふる》えることもあります。これも体を震わせて熱を生み出すためです。そして、咳は、体の中に入ってこようとするウイルスを外に出して、肺《はい》や気管《きかん》などの呼吸器《こきゅうき》を守《まも》ろうとする体の反応《はんのう》なのです。」

るり「私の知らないところで、私の体はがんばっているのですね。風邪のウイルスをやっつける薬《くすり》はないのですか。」

先生「残念《ざんねん》ながらありません。風邪の薬は、お医者《いしゃ》さんでもらうものも含《ふく》めて、のどの痛みや鼻水などを和《やわ》らげるだけです。ですから、風邪をひいたら、ウイルスと戦っている体をいたわって、落《お》ちた体力が回復《かいふく》するように、暖《あたた》かくしてゆっくり休むのがいちばんの薬なのです。ただ、風邪と似《に》た肺炎《はいえん》という病気《びょうき》は、ウイルスではなく細菌《さいきん》で引き起こされることもあります。細菌をやっつけるには抗生物質《こうせいぶっしつ》という薬がとてもよく効《き》きます。昔《むかし》は死《し》に至《いた》るとおそれられた結核《けっかく》という病気も、抗生物質の発明《はつめい》によって多くの人が救《すく》われるようになりました。」

るり「冬になるとはやるインフルエンザは、風邪ではないのですか。」

先生「ふつうの風邪とインフルエンザではウイルスの種類が違《ちが》います。ですから、風邪がひどくなってインフルエンザになるわけではありません。インフルエンザのウイルスのほうがふつうの風邪のウイルスよりも強力なので、先ほどお話しした免疫細胞ももっとがんばらなくてはなりません。それで、インフルエンザにかかったときは高熱が出るのです。インフルエンザについてはウイルスをやっつける薬があります。ただし、かかってから48時間以内《いない》に使《つか》わないと効果《こうか》がありません。肺炎もインフルエンザも、お医者さんで検査《けんさ》をすればすぐわかりますから、風邪かなと思ったら、いちど診《み》てもらうと安心《あんしん》ですね。それから、インフルエンザは、ワクチンの接種《せっしゅ》*でかかりにくくしたり、重《おも》くなるのを防《ふせ》いだりできます。では、るりさん、お大事にね。」

るり「はい、ありがとうございます。」

問い 手洗い、マスク、うがいのほかにも風邪を予防する方法《ほうほう》はないか調《しら》べてみよう。

答え 部屋《へや》の換気《かんき》をよくする、人混《ひとご》みに出かけない、など。

*ウイルスとワクチンに関《かん》しては131ページを参照《さんしょう》

冬、寒《さむ》いときに息《いき》が白くなるのはなぜ？ やかんの湯《ゆ》気《げ》は熱《あつ》いのに、冬の白い息は熱くないのはなぜ？

寒い朝には、はく息で手を温《あたた》めたくなります。あやさんは、はあっと息を吹《ふ》きかけて、ふと、息はどうして白いのかなと思いました。それから、息は温かいけれど、やかんの湯気が手に当たったときはものすごく熱かったことを思い出しました。あやさんは、お隣《となり》の大学生のえみさんに聞いてみました。

えみ「まず、寒いときの息が白く見える理由《りゆう》から話しましょう。人がはく息には、目には見えない水蒸《すいじょう》気《き》が含《ふく》まれていますね。水蒸気については、「卵《たまご》の汗《あせ》」（65ページ）を見てください。寒い日に息をはくと、口から出た水蒸気は、冷《つめ》たい空気に触《ふ》れたとたん、とても細かい水滴《すいてき》になります。やかんの口から出る湯気も同じです。湯気は水蒸気ではなく、水蒸気が冷《ひ》やされてできた水滴です。この息や湯気の細かい水滴に光が当たると、あちこちに反射《はんしゃ》されるので、白く見えます。」

あや「雲や霧《きり》が白いのも光の反射ですか。」

えみ「その通りです。ところで、私《わたし》たちの体は温かいですね。ガソリンで走る車はガソリンを酸素《さんそ》によって燃焼《ねんしょう》させて、走るエネルギーを得《え》ています。私たちは体の中で、食べ物《もの》からの養分《ようぶん》と空気から取《と》り込《こ》んだ酸素から、活動《かつどう》するための熱《ねつ》を作り出しています。」

あや「どんなふうに熱を作り出しているのですか。」

えみ「熱を作るためには、まず、鼻《はな》や口から吸《す》い込んだ空気を、気《き》管《かん》を通して胸《むね》の中の肺《はい》に取り入れます。肺にはたくさんの血管《けっかん》が

あります。その血管を流《なが》れる血液中《けつえきちゅう》の赤血球《せっけっきゅう》が、酸素を体じゅうに運《はこ》びます。赤血球は、酸素の多い肺では酸素と結《むす》びつき、酸素の少ない体のあちこちでは酸素を放《はな》つという性質《せいしつ》を持《も》っています。こうして、体を作っている一つ一つの細胞では、赤血球が届《とど》けてくれた酸素を使《つか》って、養分から熱を取り出しているのです。そのとき出てくる水と、いらない二酸化炭素《にさんかたんそ》は、また赤血球によって、肺に運ばれます。酸素を吸って二酸化炭素と水をはき出すのが、肺呼吸《はいこきゅう》です。また、細胞でも酸素を取り入れ二酸化炭素を出しているので、この働《はたら》きも呼吸といえます。肺呼吸で息をはき出すとき、水は水蒸気の状態《じょうたい》です。沸騰《ふっとう》して水蒸気になっているわけではないので、はく息は、温かい程度《ていど》なのです。」（第《だい》１巻《かん》１２８ページを参照《さんしょう》）

あや「呼吸の仕組《しく》みがよくわかりました。ところで、今さらな質問《しつもん》なのですが、水が水蒸気になるのって１００度ではないのですか。」

えみ「１００度は水が沸騰する温度《おんど》です。１００度でなくても水の表面《ひょうめん》からどんどん水蒸気になっています。これを蒸発《じょうはつ》といいます。」

あや「そうでしたか。それで雪ウサギは消《き》えてしまうし（138ページ）、洗濯物《せんたくもの》は乾《かわ》くんですね。」

えみ「では、寒くても息が白くならない場所《ばしょ》があります。それはどこでしょう。」

あや「えーっ、どこだろう？？？」

えみ「答えは南極大《なんきょくたい》陸《りく》です。」

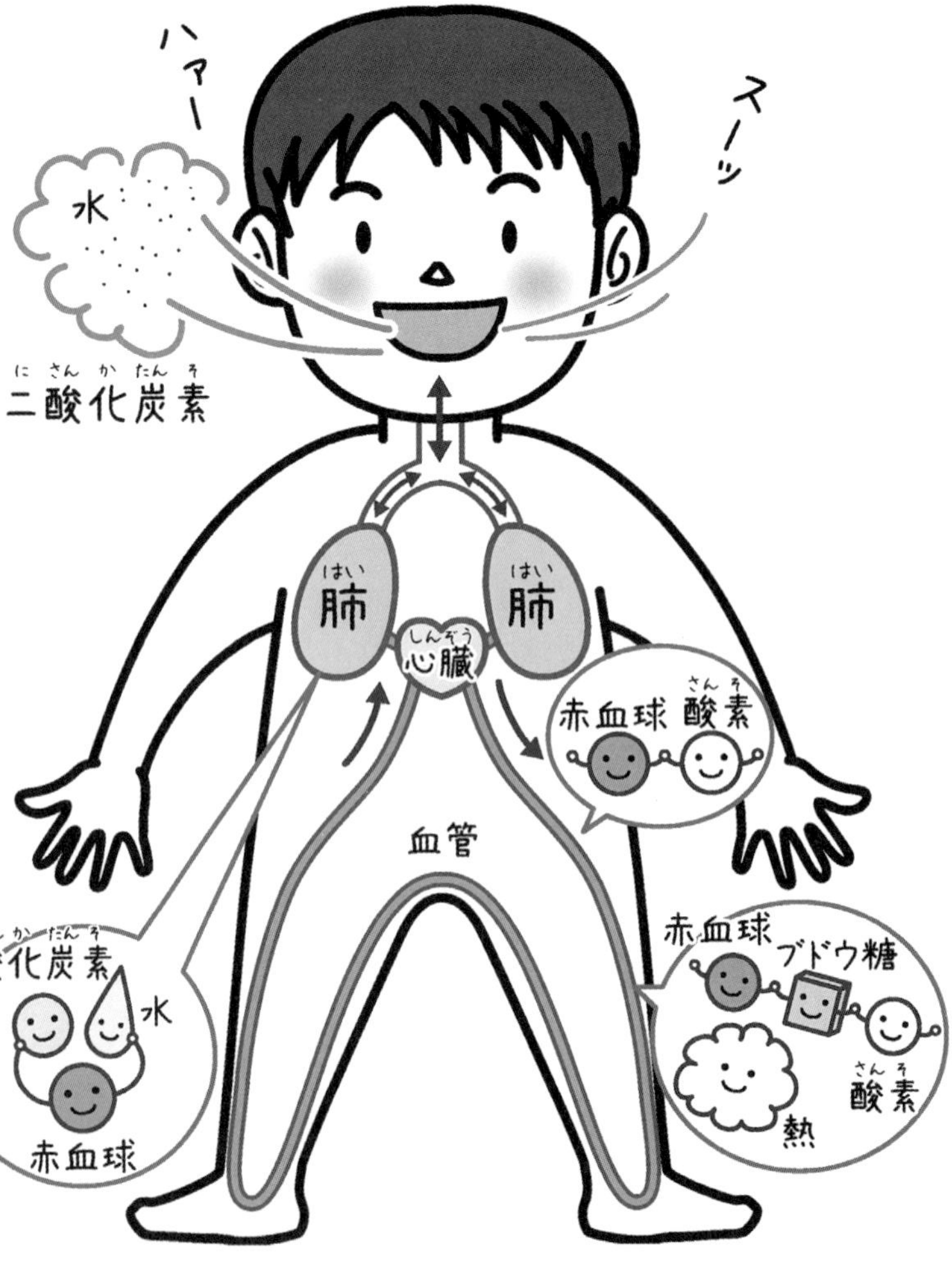

あや「すごく寒いところなのに、どうしてですか。」

えみ「水蒸気が水滴になるためには、核《かく》になるものが必要《ひつよう》であることは雪の結晶《けっしょう》（第2巻133ページ）を見てください。湯気《ゆげ》や息の場合も同じです。チリやホコリ、自動車の排気《はいき》ガスや花粉《かふん》なども核になりますが、南極大陸は人がほとんど住《す》んでいないことから、核になるものがものすごく少ない、つまり空気がきれいなので息が白くなりにくいのです。」

あや「なるほど。今度南極に行って、はあってやってみたいです。」

問い　南極大陸はどこの国かわかりますか？

答え　どこの国でもありません。南極はSDGs《エスディージーズ》の「パートナーシップで目標《もくひょう》を達《たっ》成《せい》しよう」を実現《じつげん》している場所の一つです。1961年南極条約《なんきょくじょうやく》が結ばれて、南《なん》緯《い》60度以南《いなん》はどの国のものでもないと決《き》まりました。いろいろな国の観測基地《かんそくきち》があって、協力《きょうりょく》して南極の自然《しぜん》を解明《かいめい》しています。

毎年白鳥《はくちょう》が同じ水辺《みずべ》にやってくるのは、みんなでえさをやっているから？　なぜ季《き》節《せつ》が変わると飛《と》んで行ってしまうの？

冬になると、るりさんのおじいさんの近所《きんじょ》の水辺に、白鳥がやってきます。るりさんは、よく、おじいさんとえさやりに行っていました。

るり「今年も来たねえ。毎年飛んできてえらいねえ。おじいちゃん、白鳥はどこから飛んでくるの？　どうして冬だけここにいるの？」

おじいさんは教えてくれました。

おじいさん「鳥が決《き》まった季節にたくさんやってきて、またいなくなってしまう。これは古代《こだい》ギリシャの時代から、不思議《ふしぎ》に思われていたようだよ。アリストテレスという学者《がくしゃ》は、いろいろな動物《どうぶつ》の様子《ようす》や、暮《く》らしについて書き残《のこ》しているけれど、春になると姿《すがた》を見せ、秋になるといなくなるツバメは、冬眠《とうみん》していると考えていたようだ。」

るり「そうだ！　決まった季節に来るのは白鳥だけじゃない。ちょうど季節は反対《はんたい》になるけれど、ツバメもそうだね。」

おじいさん「こうした鳥を渡《わた》り鳥という。日本でも、たくさんの渡り鳥が、人の生活に関《かか》わってきた。冬の湖《みずうみ》や沼《ぬま》や、田畑《たはた》に、白鳥やガン、ツルがやってくるという昔話《むかしばなし》が多くあるね。白鳥は10月から４月にかけての、冬に渡来《とらい》する鳥だ。日本中で毎年、オオハクチョウ、コハクチョウ合わせて、５万羽以上が飛来《ひらい》するそうなんだよ。」

るり「えーっ、そんなにたくさん！」

おじいさん「飛んでくる場所《ばしょ》は、北海道から九州《きゅうしゅう》まで、４００カ所以上あり、東北地方が多くなっているよ。青森県《あおもりけん》、宮城《みやぎ》県、新潟《にいがた》県、福島《ふくしま》県にそれぞれ、天然記念物《てんねんきねんぶつ》に指定《してい》された渡来地がある。

　もともと、白鳥は日本より北極《ほっきょく》に近い、シベリア地方でヒナを育《そだ》てる。

ヒナが無事《ぶじ》に育つと、家族で群《む》れになるんだ。そして、冬になってシベリア地方が氷《こおり》に閉《と》ざされると、えさを求《もと》めて、もっと南の日本まで飛んでくるんだよ。みんなでそろって、冬を越《こ》せる場所に引っ越すわけだ。

渡《わた》ってくるコースは毎年だいたい同じで、途中何度《とちゅうなんど》も、休みながら飛んでくる。親は、自分が前に通ったコースを飛ぶので、いっしょに飛ぶ子どもも、そのコースを飛ぶようになるんだね。そして、毎年、同じ場所に飛来してくる。渡来地は、もともと、白鳥たちにとって、えさの多い、過《す》ごしやすい場所だった。そこで人がえさをあげるようになり、もっと居心地《いごこち》がよくなったわけだね。暮らしにくくなれば、飛んでこなくなるだろう。安心《あんしん》して冬を越せる環境《かんきょう》を、大切に守《まも》っていきたいものだね。」

るり「白鳥が飛んでくる理由《りゆう》はわかったわ。それで、暖《あたた》かくなるともとのおうちに帰るのね。」

おじいさん「その通りだよ。日本に春がやってくると、故郷《こきょう》のシベリアにも、巣《す》を作り、卵《たまご》を産《う》むことができる季節が近づいてくる。子育てにいい時期《じき》に間に合うように、白鳥たちは故郷に向《む》かって出発《しゅっぱつ》していくのだね。」

るり「私《わたし》は暑《あつ》いの平気《へいき》だけど、白鳥にとっては、日本の夏は暑すぎるのね。」

問い 渡《わた》り鳥の保護《ほご》のためにどのような取《と》り組みがなされているか、調《しら》べてみよう。

答え 例《れい》：ＳＤＧｓ《エスディージーズ》では、「２０２０年までに国際的《こくさいてき》な協定《きょうてい》にしたがって、森林、湿地《しっち》、山地《さんち》、乾燥地《かんそうち》など陸上《りくじょう》の生態系《せいたいけい》と内陸の淡水地域《たんすいちいき》の生態系《せいたいけい》、および、それらがもたらす自然の恵《めぐ》みを、守り、回復《かいふく》させ、持続可能《じぞくかのう》な形で利用《りよう》できるようにする」という目標《もくひょう》が掲《かか》げられています。我《わ》が国では、アメリカ、ロシアとは、二国間渡り鳥等保護条約《とうほごじょうやく》を、オーストラリア、中国とは二国間渡り鳥等保護協定をそれぞれ締結《ていけつ》しています。絶滅《ぜつめつ》のおそれのある鳥類《ちょうるい》を相互《そうご》に通報《つうほう》し、輸出入規制《ゆしゅつにゅうきせい》などを行っています。

コラム

標高《ひょうこう》8000メートルのヒマラヤ山脈《さんみゃく》を越える渡り鳥がいます。アネハヅルというツルの仲間《なかま》です。アネハヅルは、夏の間モンゴルやチベットの高原で子育てをして、冬を越すためにインドに渡ります。

ヒマラヤ山脈はマイナス30度、酸素《さんそ》の量《りょう》は地上の3分の1と過酷《かこく》な環境です。そこを飛んでいくには、よほど強い体でなければなりません。アネハヅルが強い体になったのは一朝一夕《いっちょういっせき》のことではなく、ヒマラヤ山脈の隆起《りゅうき》（陸地が周囲よりも上がる運動）にともなって、長い時間をかけ、少しずつ進化していったのです。実《じつ》は、ヒマラヤ山脈もいきなり高い山脈になったわけではなく、少しずつ隆起した結果《けっか》、今の高さになったのです。

「お父さん、なんだか、去年《きょねん》より山が高くなった気がする。」

「山が高くなるなんてあり得《え》ない。気のせいだ。つべこべ言わず、しっかり飛ぶんだ。飛べなければ置《お》いていかれるぞ。」

「はあーい。」

こうして、アネハヅルは次第《しだい》に高いところを飛べるようになったのでしょう。

インドガンという鳥も同じように、ヒマラヤを越《こ》えるそうです。

逆《さか》上《あ》がりしたとき、おなかが熱《あつ》くなるのはなぜ？

あみさんは、鉄棒《てつぼう》がとくいです。特《とく》に逆上がりは上手《じょうず》にできるのがうれしくて、何《なん》度《ど》もくり返《かえ》しやっています。それで、おなかが熱くなっていることに気がつきました。鉄棒と服《ふく》がこすれて熱くなったのはわかりますが、どうしてこすれると熱くなるのかなあと思いました。そこで、理科の先生に聞いてみました。

先生「そうですね。手のひらを合わせてこすっても熱くなりますね。ものがこすれると熱《ねつ》が出てくることを見つけたのは、ランフォードという人です。18世紀《せいき》のことです。それまで、『熱とは何か』ということは、ずっと考え続《つづ》けられてきました。ランフォードの時代《じだい》には『熱素《ねっそ》』という熱の粒《つぶ》が入ると、ものは熱くなると思われていました。

ランフォードは、大砲《たいほう》のしんをくり抜《ぬ》くとき、とても熱くなることを見つけました。そして、その熱は、大砲の鉄と、しんをくり抜く機械《きかい》がこすれ合うことが原因《げんいん》だと考えました。さらに、こすれ合うと、お互《たが》いを形作っている『原子』や『分子』という粒が、活発《かっぱつ》に動《うご》くようになるからだと想像《そうぞう》しました。つまり、熱は『熱素』という特別《とくべつ》な粒ではなく、原子や分子の動きが活発になることで出てくるものだと考えたのです。」

あみ「原子や分子っていう粒はいつも動いているのですか。」

先生「私《わたし》たちの体や、鉄などのものが、原子や分子という目には見えない小さな粒でできているという考えは、大昔《おおむかし》からありました。けれども、本当にそんな小さな粒でできているのかどうかは、ずっとわかりませんでした。なにしろ、目に見えないくら

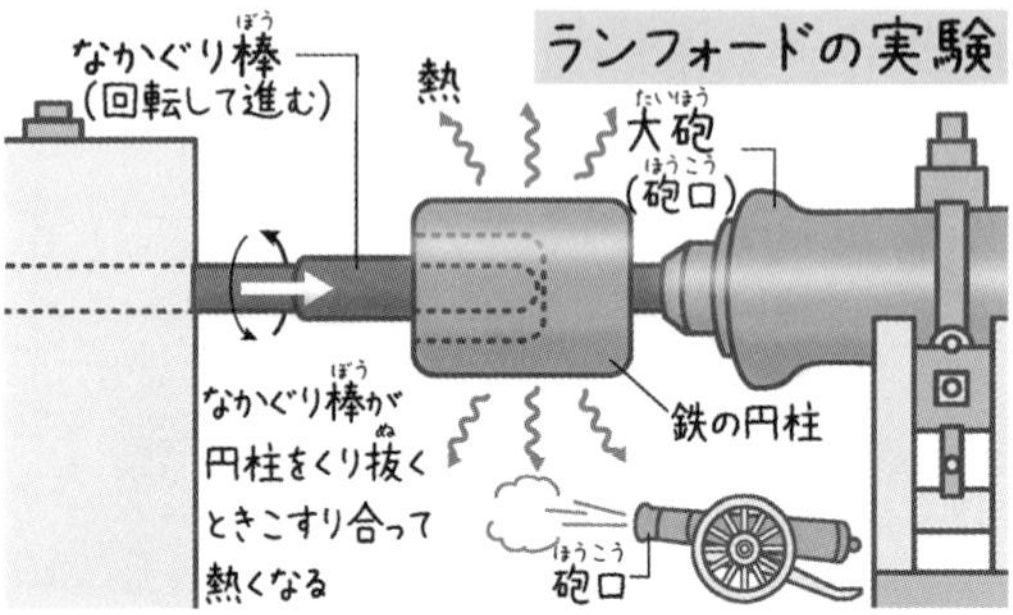

い小さいですからね。ランフォードは、ものが小さな粒からできているかどうかはわからないけれど、そう考えると、こすれて熱が出てくることをうまく説明《せつめい》できることに気がついたのです。その後、デービィという人が、真空《しんくう》の容器《ようき》の中で氷《こおり》をこすり合わせて溶《と》かすという実験《じっけん》から、この『熱の運動説《うんどうせつ》』という考えを支持《しじ》しました。」

あみ「想像だけで正しい説明ができるなんて、すごいですね。」

先生「そして、ブラウンという人が、花粉《かふん》が壊《こわ》れて出てくるもっと小さい粒が、水中でゆらゆら動くことを発見しました。ブラウンは、これは、生きている植物《しょくぶつ》から出てくるものだからだと思いました。けれども、大昔の化石《かせき》から発見された花粉、さらには石そのものを細かくした粒も動き回ることにとまどいました。この小さな粒の動きを『ブラウン運動』といいます。ブラウン運動の

ブラウン運動

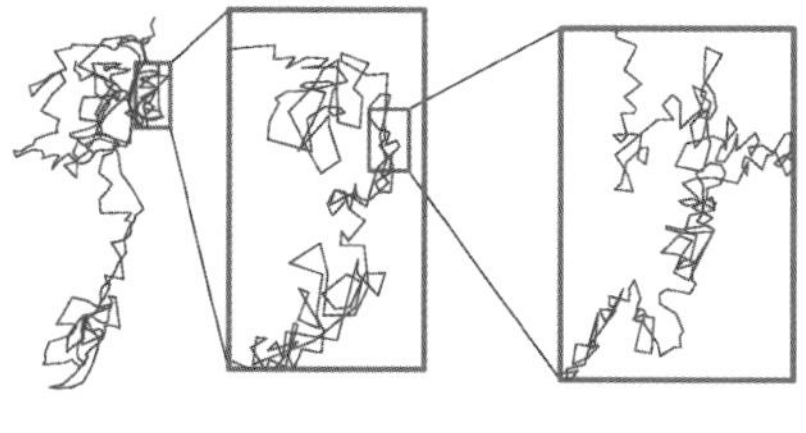

なぞをブラウン自身《じしん》は解明《かいめい》できなかったのですが、後に、小さな粒は、水の分子に突《つ》き動かされて動いていると考えられるようになりました。

　こうして、ランフォードの考えが支持されていったわけですね。有名《ゆうめい》なアインシュタインも、１９０５年に、分子の運動に関《かん》する研究《けんきゅう》を発表《はっぴょう》しています。アインシュタインの考えを、１９０８年からペランという人が実験して実際《じっさい》に確《たし》かめたことで、原子や分子の存在《そんざい》とその運動は、ゆるぎのない理論《りろん》となりました。」

あみ「そうなんですね。それから、熱といっしょに温度《おんど》って言葉《ことば》も使《つか》いますが……。」

先生「温度は、温《あたた》かさや冷《つめ》たさの目安《めやす》ですが、それまでいろいろな基準《きじゅん》がありました。18世紀になるとセルシウスという人が考えた、水が凍《こお》る温度と沸騰《ふっとう》する温度を１００等分《とうぶん》した基準が広く用いられるようになりました。これをセルシウス温度といいます。」

あみ「今でも、温度といったら、セルシウス温度ですよね。」

先生「そうですね。日本の一般的《いっぱんてき》な温度計はセルシウス温度を示《しめ》しています。そして、原子や分子が熱によって活発に動くという考えが広がると、その運動を基準にした温度がケルビンによって提唱《ていしょう》されました。まだ、アインシュタインの論文発表以前《いぜん》の、熱素の考えがくすぶっている19世紀半《なか》ばのことです。こちらはケルビン温度とか絶対温《ぜったいおん》度《ど》といいます。」

あみ「どんな基準なのですか。」

先生「ケルビンは、温度は、原子や分子の運動の活発さを表《あらわ》すと考えました。温度が高ければ原子や分子が活発に動いていることがわかり、温度が低《ひく》くなっていくにつれてその運動は弱まり、ついには止まってしまうだろうと想像しました。そして、すべての原子や分子の運動が止まってしまう温度を絶対零度《ぜったいれいど》として基準にすることを提唱したのです。今では、日常生活《にちじょうせいかつ》ではセルシウス温度が一般的《いっぱんてき》ですが、科学の世界《せかい》ではケルビン温度が一般的です。」

あみ「絶対零度って、セルシウス温度でいうと何度くらいですか。」

先生「マイナス２７３度です。」

あみ「太陽《たいよう》の表面《ひょうめん》が６０００度だと聞いたことがあるので、絶対零度はそんなに低くないような気がします。」

先生「ちなみに絶対零度より低い温度はありません。なにしろ、原子も分子も止まって動かなくなるのですから。それから、温度の差《さ》はセルシウスとケルビンで同じです。」

あみ「では、水が凍る温度はケルビンだと２７３度で、沸騰する温度は１００度上がって３７３度ってことですか。」

先生「その通りです。」

あみ「熱と温度と原子や分子は関係《かんけい》が深《ふか》いのですね。」

問い　地球全体《ちきゅうぜんたい》の温度が次第《しだい》に上がってきていることが、地球温暖化《ちきゅうおんだんか》という問題《もんだい》になっています。その原因と、現在《げんざい》考えられている対策《たいさく》を調《しら》べてみましょう。

答え　第《だい》１巻《かん》１３５ページを参照《さんしょう》。

冬のタンポポの葉《は》は、どうして地《じ》面《めん》に張《は》りついているの？

今日は、植物園《しょくぶつえん》の先生が、こんなお話をしてくださいました。

先生「冬になると、めっきり緑《みどり》が少なくなります。公園の原っぱでも、茶色が目立ちます。そんな中、タンポポがけんめいに葉っぱを広げている姿《すがた》は、生き抜《ぬ》こうという力強さを感《かん》じますね。タンポポのような植物は太陽《たいよう》の光がないと生きていけません。動《どう》物《ぶつ》は、食べ物《もの》を食べて栄養《えいよう》を体の中に取《と》り入れます。けれども、タンポポのような植物は、食べ物から栄養を取るのではなく、光と空気中の二酸化炭素《にさんかたんそ》を材料《ざいりょう》にして、自分で体の中で栄養分を作り出します。これを光合成《こうごうせい》といいます（光合成については41

ページを参照《さんしょう》）。その栄養分は根《ね》や茎《くき》にたくわえられます。サツマイモは根に、ジャガイモは茎にたくわえられた栄養分なのです。

けれども、冬になると太陽の光は弱くなってしまいます。それで、タンポポは葉っぱを地面に張りつけて、なるべく多くの光を受《う》け取ろうとしているのです。この様子《ようす》をロゼットといいます。ロゼットになる草は、ほかにもオオバコやナズナがあります。ロゼットは、〝雑草《ざっそう》〟と呼《よ》ばれる植物で冬を越《こ》すものに多いのが特徴《とくちょう》です。〝雑草〟は厳《きび》しい環境《かんきょう》の中で冬を越さなくてはなりません。誰《だれ》も、風よけを作ってくれたり、肥料《ひりょう》をまいてくれたりしません。ですから、ロゼットになると、光を多く受け取る以《い》外《がい》にも、太陽の熱《ねつ》を受け取った地面から温かさをもらうことができます。また、強い風が吹《ふ》いても、雪が積《つ》もっても平気《へいき》ですし、人間など動物にふまれてもめげません。さらに、芝刈《しばか》り機《き》から逃《のが》れることもできます。

それから、茎がほとんどないので、茎にいく栄養を葉っぱと根っこで分け合えます。ですから、高い山の上や熱帯では、ロゼットになって厳しい気候《きこう》に耐《た》える植物がけっこうあります。

タンポポは、ロゼットで冬を越して春を迎《むか》えると、今度《こんど》は、高いところで花をつけタネを遠くに飛《と》ばす（21ページ「タンポポの綿毛《わたげ》」を参照）ために、茎を長く長く伸《の》ばします。

それでは、木はどうでしょうか。どのように冬を過《す》ごすのでしょうか。それは、秋に葉を落《お》とす落葉樹《らくようじゅ》と、ずっと緑の葉っぱをつけている常緑樹《じょうりょくじゅ》で違《ちが》います。落葉樹は離層《りそう》ができて葉っぱを落とすというお話をしました。葉っぱを落とす前に光合成を行うための葉緑素やエネルギーのデンプンを葉っぱから幹《みき》や根に移動《いどう》します。その後で離層を作り葉っぱを落とすのです（落葉については42ページを参照）。ですから、落葉樹の落葉はクマの冬眠《とうみん》のようなものなのですね。冬眠状態《とうみんじょうたい》といっても、春を迎える準備《じゅんび》は着々《ちゃくちゃく》と行っています。それがよくわかるのが、冬芽《とうが》です。冬芽のうち、花になるものを花芽《かが》、葉になるものを葉芽《ようが》といいます。どちらも厳しい冬の気候や虫からも身《み》を守《まも》るため、工夫《くふう》がされています。コブシの冬芽は毛でおおわれています。また、トチノキの冬芽は樹脂《じゅし》でおおわれています。
　これに対《たい》して常緑樹は一年中光合成をします。寒《さむ》い冬には、葉っぱが凍《こお》ってしまわないように、葉っぱの中の糖分《とうぶん》を増《ふ》やしています。水は混《ま》ぜ物《もの》があると凍る温度《おんど》が下がるのです。それから、葉っぱは乾燥《かんそう》しやすくなります。そこで常緑樹の葉っぱを観《かん》察《さつ》してみてください。分厚《ぶあつ》くなっていたり、ワックスを塗《ぬ》ったようにツヤツヤしていたりしますね。これは水分の蒸発《じょうはつ》を防《ふせ》ぐためです。みなさん、寒い冬を植物たちがどんなふうに乗《の》り越えようとしているのか、ぜひ外に出て観察してください。観察したことは、写真《しゃしん》に撮《と》ったりスケッチしたりして記録《きろく》しておくといいですね。報告《ほうこく》を待《ま》っています。」

問い　植物は厳しい環境でも生き延《の》びることで、SDGs《エスディージーズ》の多様性《たようせい》に一役《ひとやく》買っています。では、どんな工夫をしているか調《しら》べてみましょう。

答え　例《れい》：高い山で育《そだ》つハイマツというマツ科の植物は、海岸のマツのように上に伸びず、横《よこ》に這《は》うような形になって、風雪から身を守ります。

フリースの帽《ぼう》子《し》を脱《ぬ》いだとき、なぜ顔に髪《かみ》の毛がくっつくの？

りく「フリースの帽子は暖《あたた》かいけれど、脱いだとたんに、髪の毛が顔にくっついて、うっとうしい。静電気《せいでんき》って聞いたことがあるけれど、静電気って何かな。電球《でんきゅう》がつく電気と違《ちが》うのかな。そうだ、電気の博物館《はくぶつかん》に行って聞いてみよう。」

学芸員「たしかに、これは静電気が体にたまったせいです。ちょっと水で湿《しめ》らせるととれますよ。指《ゆび》とドアノブの間に火花が散《ち》って、びっくりするのも静電気によるものです。」

りく「この間、うちのネコをなでたら、お互《たが》いビリッときて同時にギャアと叫《さけ》びました。これも静電気なのですね。」

学芸員「それは、りくさんもネコも大変《たいへん》でしたね。その通り静電気のせいです。古代《こだい》ギリシャ人は、布《ぬの》で宝石《ほうせき》のコハクを強くこすると、チリなどを引きつけることを知っていました。」

りく「コハクってどんな宝石ですか。」

学芸員「これがコハクです。コハクは石ではなく、昔々《むかしむかし》の松《まつ》ヤニが地中でぎゅっと固《かた》められたものです。よくアリなどの虫が閉《と》じ込《こ》められていたりします。

　コハクはギリシャ語でエレクトロンといいます。英語《えいご》で電気はエレクトリシティといいますから、コハクが語源《ごげん》になっています。では、静電気とはなんでしょう。電気にはプラスの電気とマイナスの電気の二種類《にしゅるい》があります。同じ種類同士《どうし》は反発《はんぱつ》して、違う種類同士は引き合います。」

りく「磁石《じしゃく》と似《に》ていますね。」

学芸員「その通りです。ふつう、物《もの》を作っている粒《つぶ》である原子には、プラスの電気とマイナスの電気が同じ数ずつあります。そのため原子は、プラスとマイナスが打《う》ち消《け》し合っていて、どちらか一方の電気であることはありません。原子の中のマイナスの電気のことを『電子』と呼《よ》びます。この電子は、とても小さくて軽《かる》いので、物と物がこすれあったりすると、どちらかに移動《いどう》します。電子が移動してきて電子の数が多くなったものは、マイナスの電気を帯《お》びていると表現《ひょうげん》します。電子が出て行ってしまって電子の数が少なくなったものは、プラスの電気を帯びるといいます。『静電気が起《お》きる』というのは、このように電子の数にかたよりができることです。」

りく「移動するのはマイナスの電子だけなのですか。原子の中のプラスの電気は動《うご》かないのですか。」

学芸員「りくくん、それはいい質問《しつもん》ですね。原子の中のプラスの電気は、電子より何千倍《なんぜんばい》も重《おも》いので、ちょっとやそっとでは動かないのですよ。」

りく「なるほど。」

学芸員「ですから、まずこすれ合ったものは、マイナスとプラスになりますから、必《かなら》ず引き合います。また、このように静電気を帯びた物のそばに、ホコリのように軽い物が、近づいたとしましょう。たとえばマイナスの静電気を帯びた服《ふく》を、ホコリに近づけたとします。ホコリの中に同数あるプラスとマイナスの電気のうち、プラスの電気が、服のマイナスの電気に引っ張《ぱ》られてホコリの中でかたよります。そうすると、軽いホコリごと引きつけられて服にくっつきます。」

りく「フワフワしたホコリ取《と》りのブラシは、静電気を利用《りよう》しているのですね。」

学芸員「その通りです。このような静電気の性質《せいしつ》は、くっついてめいわくなだけではなく、とても便利《べんり》な性質として大がかりな工場でも利用されています。車の製造《せいぞう》では、静電気を帯びた塗料《とりょう》を吹《ふ》きつけ、無駄《むだ》なくムラのない塗装《とそう》を可能《かのう》にしました。紙ヤスリのざらざらな粒が均等《きんとう》に表面全体《ひょうめんぜんたい》についているのは、紙と粒にそれぞれプラスとマイナスの静電気を持《も》たせ『引きつける力』を使《つか》っているのです。」

りく「水気があると、静電気が起きないのはなぜですか。」

学芸員「たしかに、静電気は乾燥《かんそう》した日によく起《お》きて、湿度《しつど》の高い時期《じき》にはあまり起きませんね。物の表面や空気中に水分があると、静電気をまわりに逃《に》がしてしまいます。どのように電気を逃がすかは、とても難《むずか》しく、水の性質は不思議《ふしぎ》でまだはっきりしていない部分《ぶぶん》もあります。いずれにせよ、水は、静電気防止には強い味方《みかた》です。静電気防止スプレーは湿気を集《あつ》めやすい物質を吹きつけて、静電気を空気中に逃がす役《やく》割《わり》をします。」

問い 車の塗装や紙ヤスリに静電気が利用されていますが、ほかにはないか、調《しら》べてみましょう。また、静電気を使うことでどんな利点があるかも考えてみましょう。

例《れい》：コピー機《き》、ぬいぐるみの植毛《しょくもう》

答え 静電気を使うことで、無駄なくムラなく塗ったりできるので、材料《ざいりょう》の節約《せつやく》になり、SDGs《エスディージーズ》の持続可能《じぞくかのう》な社会の実現《じつげん》につながります。

大きなマグカップに なみなみと入っているココアは、どうしてなかなか冷《さ》めないの？

ふゆこ「やっぱり、冬はココアね。甘《あま》くて、体が温《あたた》まって、とっても、おいしい。」

ゆき「わっ、熱《あつ》！　口の中をやけどしそう。大きなマグカップに入っていると、フウフウ吹《ふ》いてもなかなか冷めない。」

ふゆこ「ゆきさんは猫舌《ねこじた》なのね。でも、どうして、カップになみなみと入っているココアはなかなか冷めないのかしら。」

お店の人に聞いてみました。

お店の人「ココアが冷めるのは、ココアの熱《ねつ》が、カップやそのまわりの空気に移《うつ》って、ココア以外の物《もの》を温めてしまうからです。

　マグカップにたくさんのココアが入っていると、少しぐらいの熱が逃《に》げていっても、まだ、まん中あたりはかなり熱いことになります。けれども、どんどん飲《の》んでいってココアが少なくなると、たくさん入っているときと同じように、まわりに熱が移っていくので、ずっと早く全体《ぜんたい》が冷めてしまうのです。」

ふゆこ「たしかに私《わたし》は、猫舌じゃないので、どんどん飲んだら、もうそんなに熱くない。」

お店の人「マグカップではありませんが、保温《ほおん》タンブラーや、ステンレスなどの保温カップでも、飲み物《もの》は冷めにくいものです。これは、カップが二重《にじゅう》になっていて、間に空気のない、ほぼ真空《しんくう》のすき間があるからです。つまり、カップの内側《うちがわ》までは熱くなるのですが、その先に熱を伝《つた》えるものがないので、熱は逃げて行ってしまわずに、冷めないのです。

　つまり、冷めないようにしたいときは、熱いものをたくさん集《あつ》めておくか、容《い》れ物を工夫《くふう》して冷めにくくするかのどちらかです。
　逆《ぎゃく》にココアを早く冷まして、やけどせずに飲みたいのならば、マグカップいっぱいのココアを、いくつかの冷《つめ》たいカップに分ければ、すぐに冷めます。半分にするだけでもずいぶん早く飲めるようになりますから、ゆきさん、カップをもう一つご用意《ようい》しましょうか。」

ゆき「ぜひ、お願《ねが》いします。」

お店の人「ところで、ものが温まるために必要《ひつよう》な熱は、そのものが、温まりやすいかどうかと、どれくらいの分量《ぶんりょう》があるかによって決《き》まります。逆に、温まるときに受《う》け取《と》った熱をまわりに渡《わた》すと、自身《じしん》は冷めていきます。」

ふゆこ「どんなものが温まりやすくて、どんなものが温まりにくいのですか。」

お店の人「温まりやすいものの代表《だいひょう》は、金属《きんぞく》ですね。温まりにくいものの代表は、水です。時々、天ぷら油《あぶら》が過熱《かねつ》して火事《かじ》が起《お》きたというニュースを聞きます。油は水よりずっと温まりやすいのに、水と同じような感覚《かんかく》で火にかけてしまいがちなことから、火災《かさい》につながるのですね。ところで、温まりにくいということは、温めるのにたくさんの熱を必要とする、たくさん熱をため込《こ》めるということです。ですから、逆に冷めにくいのです。」

ゆき「だから、湯《ゆ》たんぽの中には水を温めたお湯を入れるのですね。私は、てっきり簡単《かんたん》に温められて、湯たんぽに入れやすいからだと思っていました。」

お店の人「ココアは、お湯よりもさらに冷めにくいのです。ココアが冷めにくいのは、油《ゆ》分《ぶん》や糖分《とうぶん》を含《ふく》んでいるために、水が沸騰《ふっとう》したお湯に比《くら》べて、ぐつぐつ沸いたときの温度《おんど》が高くなるのが一つの理由《りゆう》です。また、ココアやくず湯は、ふつうのお茶に比べて、ねばりけがあり、液《えき》が動きにくいのももう一つの冷めにくい理由です。」

ふゆこ「どうしてねばりけがあると冷めにくいのですか。」

お店の人「水や空気は、上のほうが冷たく下のほうが熱くなると、熱い水や空気が上に、冷たい水や空気が下に移動《いどう》します。つまり、対流《たいりゅう》が起きます。飲み物の場合は、カップの表面《ひょうめん》で冷《ひ》え、まだ温かい底《そこ》のほうと、対流で入れ替《か》わって全体に冷めていきます。ねばりけがあると、この対流が起きにくいために、ココアやくず湯は冷めにくくなるのです。」

ゆき「なるほど、よくわかりました。ありがとうございました。」

問い

ルイス・キャロル作の『不思議《ふしぎ》の国のアリス』には、ウサギのお茶会の場面があります。なんとも奇妙《きみょう》で、チグハグですが、つい引き込まれる魅力《みりょく》がありますね。A・A・ミルン作の『くまのプーさん』のシリーズにも、イギリスらしくお茶を楽しむ場面があります。ティーポットでいれたお茶をティーカップに注《そそ》いでお出しするとき、お茶が冷めない工夫にはどんなことがあるでしょうか。

保温の工夫は燃料《ねんりょう》の節約《せつやく》になり、SDGs《エスディージーズ》の「エネルギーをみんなに」という目《もく》標《ひょう》の実現《じつげん》につながりますね。

答え

例《れい》：ティーポットから熱が逃げないように綿帽子《わたぼうし》（ティーポットカバー）をかぶせる、ティーカップをあらかじめお湯で温めておく、など。

ストーブの上の景《け》色《しき》がゆらゆらして見えるのは、夏の道《どう》路《ろ》のゆらゆらと同じ？

今では、暖房《だんぼう》といえば、エアコンやファンヒーターがよく使《つか》われていますが、あみさんのおうちでは、石油《せきゆ》ストーブが活躍《かつやく》しています。やはり、ものが燃《も》えている様子《ようす》を見ているだけで温《あたた》まるなあと思ったあみさんですが、ふと、ストーブの上の景色がゆらゆらゆがんで見えることに気づきました。どうしてなのか、さちこ先生に聞いてみました。

さちこ「それはね、ストーブのまわりの空気はとても温かいでしょう。ストーブから離《はな》れるとそれに比《くら》べて空気は冷《つめ》たくなります。温かい空気と冷たい空気が同じ場所《ばしょ》に

あって混《ま》ざると、その中を通り抜《ぬ》けてくる光の進《すす》み方のせいで、見え方がおかしくなるのですよ。」

あみ「ふうーん。」

さちこ「光は真空中《しんくうちゅう》では1秒《びょう》に約30万キロメートルという、信《しん》じられない速《はや》さで進みます。この速さを光速《こうそく》といいます。ところが、光は、空気や水、ガラスに入ると遅《おそ》くなります。空気より水のほうが遅く、同じ空気でも濃《こ》いほうが遅くなります。光が通り抜けるときに、行く手をじゃまする粒《つぶ》が増《ふ》えると考えてもいいかもしれません。

そして、光はふつうまっすぐ進むのですが、進む速さが変《か》わるさかい目では、光の道すじが曲《ま》がってしまう「屈折《くっせつ》」（屈折については「第《だい》2巻《かん》137ページ」を参照《さんしょう》）という現象《げんしょう》が起《お》こります。ところが、目に入る光が途中《とちゅう》で屈折しても、人の目とそれにつながる脳《のう》は、光のまっすぐ先にものがあるとしか認識《にんしき》できません。飲《の》み物《もの》が入ったコップにさしたストローが曲がって見えたり、実際《じっさい》にはもっと深《ふか》いところを泳《およ》いでいる魚が浅《あさ》いところにいるように見えたりするのも、光の屈折とそれがわからない脳のせいなのです。」

あみ「なるほど！　今度《こんど》金魚すくいをするときの参考にします。」

さちこ「空気の場合は、空気に温度《おんど》の差《さ》があると、空気の濃さが違《ちが》う場所ができます。ストーブで温められた空気の粒は、ふつうの空気の粒より元気よく、広いところを飛《と》びかいます。そして、そこは空気の薄《うす》い場所となり、薄い空気全体《ぜんたい》で上にのぼっていきます。のぼっていくときに、まわりには冷たい空気があり、お互《たが》いにからみ合います。温かい空気と、冷たい空気の流《なが》れの『むら』が、光の進路《しんろ》を複雑《ふくざつ》に曲げます。見ている人間は、先ほどお話ししたように、目で受《う》け止めた光が、まっすぐに来たと認識します。実物《じつぶつ》がないのに、視線《しせん》の先に『ある』と認識するので、壁《かべ》やものが実際の位置《いち》とは違ったところに見え、ゆがみます。そして、それが始終《しじゅう》ゆらゆら動《うご》いて不安定《ふあんてい》に見えるのです。このゆらゆらは、キャン

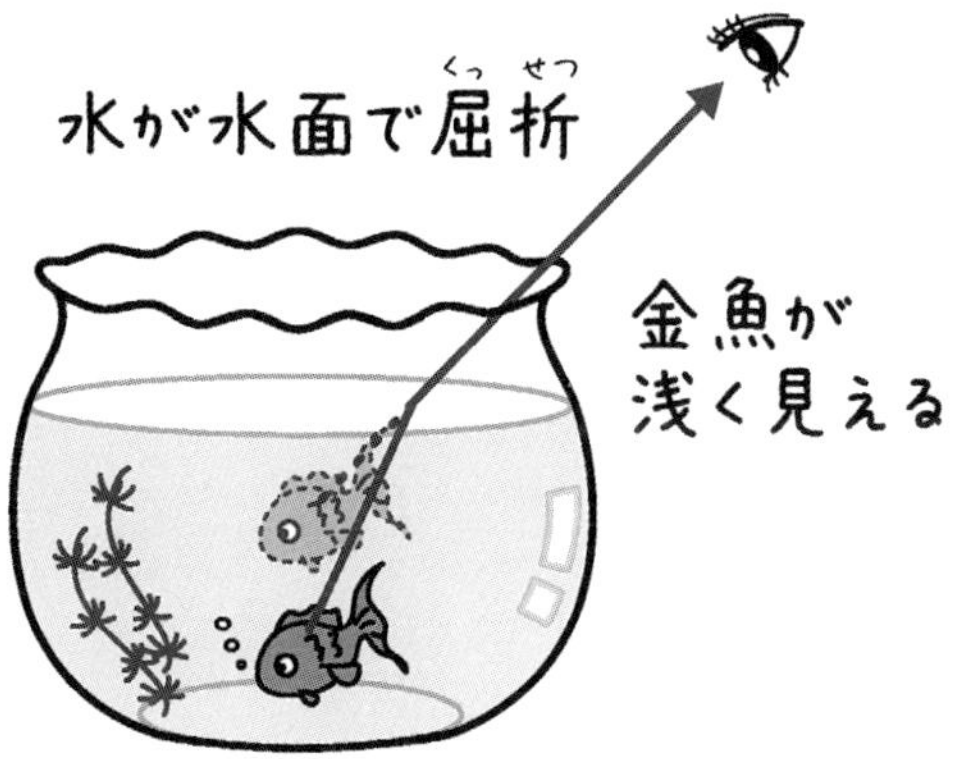

プファイアーやたき火の上にも見えるかげろうも同じ理由《りゆう》です。」

あみ「蜃気楼《しんきろう》や、アスファルト道路の逃《に》げ水もそうですか。」

さちこ「あみさんは、難《むずか》しいことを知っているのですね。」

あみ「富山《とやま》におじさんがいて、蜃気楼を見せてもらったことがあります。それから逃げ水は、この夏、家族でドライブしたとき、教えてもらいました。」

さちこ「蜃気楼や逃げ水も、これらのゆらゆらと同じ、光の屈折によるものです。大きく異《こと》なるのは、蜃気楼や逃げ水の場合は、温かい空気と冷たい空気が混ざり合わず、きっぱり分かれてそれぞれがかたまりを作っている点です。言わば、ゆらゆらよりももっと大がかりな光の屈折によるまぼろしといえます。逃げ水には「地鏡《ちかがみ》」という別《べつ》名《めい》もありますよ。様子をうまく表《あらわ》していますね。また、日本や世界《せかい》の各地《かくち》でいろいろな蜃気楼が見られるのですが、富山湾《とやまわん》で見られるものや九州《きゅうしゅう》の『不知火《しらぬい》』は有名《ゆうめい》ですね。同じ蜃気楼でも、昼に見える景色と違って、不知火は夜の沖《おき》に見える火です。場所によって蜃気楼の様子やできる条件《じょうけん》はさまざまで、まだしっかりとわかっていないこともあります。」

あみ「それなら、私《わたし》、調《しら》べて考えてみようかな。でも、実物を調べに行くのは難しいし、確実《かくじつ》に見られるかわからないですよね。」

さちこ「それなら、似《に》たような条件を身《み》のまわりの道具《どうぐ》で作って、近い現象が起こるか試《ため》してみたらどうですか。たとえば、水そうに空気の代《か》わりに、熱《あつ》いお湯《ゆ》と冷たいお水を入れて、見え方がどうなるかなんて、どうでしょうか。」

あみ「ぜひ、やってみます。」

問い　蜃気楼は、国語の教科書や俳句《はいく》の世界では、春の季節《きせつ》を表す言葉《ことば》（季語）としてよく登場《とうじょう》します。芥川龍之介《あくたがわりゅうのすけ》作の『蜃気楼』という短編小説《たんぺんしょうせつ》もあります。逃《に》げ水は晩春《ばんしゅん》から夏、不知火は秋の季語です。季節を表す言葉を使って、文章《ぶんしょう》や詩《し》を作ってみましょう。

答え　例《れい》：（俳句）「絵日記帳《えにっきちょう》　いかに逃げ水　描《えが》こうか」　など

索引《さくいん》

この本に出ている、いろいろな言葉《ことば》や説明《せつめい》をまとめました。みなさんが知りたいな、不《ふ》思《し》議《ぎ》だなと思う言葉や説明があれば、そのページのお話を読んでみてください。思わぬ答えが見つかるかもしれません。

あ行

	〈ページ〉
アイガモ農法《のうほう》	37
アインシュタイン（ドイツ生まれの物理学者）	160
アネハヅル	156
アブラムシ	33
アリ	35
アントシアニン	42、88
一旬《いちじゅん》	16
色《いろ》と光《ひかり》の関係《かんけい》	27
いん石《せき》	127
インフルエンザ	131、145
ヴィエリチカ岩塩坑《がんえんこう》（ポーランド）	95
ウイルス	131、143
浮田幸吉《うきたこうきち》と二宮忠八《にのみやちゅうはち》の挑戦《ちょうせん》	117
液体窒素《えきたいちっそ》	67
遠心力《えんしんりょく》	110
御神渡《おみわた》り（長野県諏訪湖）	83

か行	〈ページ〉
海水《かいすい》	94
殻斗《かくと》	124
獲得免疫《かくとくめんえき》と自然免疫《しぜんめんえき》	135
かげろう	180
風邪《かぜ》	133、143
花粉《かふん》	11
ガラス	30、178
ガリレオ（イタリアの学者）	130
カロチノイド	42
岩塩《がんえん》	95
寒冷前線《かんれいぜんせん》と温暖前線《おんだんぜんせん》	49
気圧《きあつ》	109
気化熱《きかねつ》	58
季語《きご》	54、181
気象科学館《きしょうかがくかん》（東京都港区）	48
気象予報士《きしょうよほうし》	48、108
気団《きだん》	51
吸収《きゅうしゅう》	27
キリン	13
グランジュッテ（バレエの技）	104
グリーンカーテン	60
クレーター	127
クロロフィル（葉緑素）	41
血管《けっかん》	148
結露《けつろ》	69
ケプラー138（恒星）	142
ケプラー138c《しー》とケプラー138d《でぃー》（惑星）	142
原子《げんし》や分子《ぶんし》	158、168
光合成《こうごうせい》	27、41、163
抗生物質《こうせいぶっしつ》	133、145
公転《こうてん》	120

ゴーヤー	60
氷《こおり》	66、81、138
黒点《こくてん》	127
ココア	172
古生代《こせいだい》	34
国境《こっきょう》なき医師団《いしだん》	136
コハク	168
昆虫博物館《こんちゅうはくぶつかん》	33

さ行

	〈ページ〉
細菌《さいきん》	132、145
栽培北限《さいばいほくげん》	64
細胞《さいぼう》	17、132、144、149
細胞分裂《さいぼうぶんれつ》	17
在来種《ざいらいしゅ》と外来種《がいらいしゅ》	22
逆上《さかあ》がり	157
さくら（童謡）	14
作用反作用《さようはんさよう》の法則《ほうそく》	106
酸性《さんせい》とアルカリ性《せい》	89
酸素《さんそ》	66、86、148
塩《しお》	93、96
死海《しかい》（イスラエルとヨルダンの国境近く）	84
色素《しきそ》	88
自転《じてん》	120
磁場《じば》	129
シベリア（ロシア）	153
シャボン玉《だま》	44
獣医《じゅうい》	56、98
宿主《しゅくしゅ》	132
旬《しゅん》	16
蒸発《じょうはつ》	45、93、149
不知火《しらぬい》	180
白《しろ》い色《いろ》と黒《くろ》い色《いろ》	27

進化《しんか》　12
蜃気楼《しんきろう》　180
水蒸気《すいじょうき》　66、113、138、147
水滴《すいてき》　148
ストーブ　177
スピンドルオイル　116
成長点《せいちょうてん》　17
静電気《せいでんき》　167
赤血球《せっけっきゅう》　149
セルシウス温度《おんど》とケルビン温度《おんど》（絶対温度）　160

た行　〈ページ〉

台風《たいふう》　108
台風《たいふう》の目《め》　108
台風《たいふう》の目《め》（運動会の競技）　103
対流《たいりゅう》　175
竹《たけ》や笹《ささ》　16、18
竹取物語《たけとりものがたり》　20
タケノコ（筍）　15
ダンゴムシとワラジムシ　76
炭水化物《たんすいかぶつ》　41
タンポポ　21、26、163
地下茎《ちかけい》　18
窒素《ちっそ》　66、86
注射針《ちゅうしゃばり》　75
月《つき》の海《うみ》　127
梅雨《つゆ》　48
低気圧《ていきあつ》　49
天気図《てんきず》　49、109
電子《でんし》　169
デンプン　41、165
冬芽《とうが》　165
動物媒花《どうぶつばいか》と虫媒花《ちゅうばいか》、鳥媒花《ちょうばいか》　11

道路《どうろ》の熱《あつ》さ	56
時《とき》の踊《おど》り（バレエの踊り）	103
どんぐり	123
な行	〈ページ〉
夏毛《なつげ》と冬毛《ふゆげ》	99
名和靖《なわやすし》（日本の昆虫学者）	38
南極条約《なんきょくじょうやく》	151
南極大陸《なんきょくたいりく》	150
逃《に》げ水《みず》	180
二酸化炭素《にさんかたんそ》	40、149
虹色《にじいろ》	27、44、120
熱《ねつ》	56、129、143、147、157、172
熱素《ねっそ》	158
熱中症《ねっちゅうしょう》	58
は行	〈ページ〉
灰色《はいいろ》	30
梅雨前線《ばいうぜんせん》や秋雨前線《あきさめぜんせん》	48、51
俳句《はいく》	26、54、181
肺炎《はいえん》	132、145
排気《はいき》ガス	114
肺呼吸《はいこきゅう》	149
パスカルの原理《げんり》	72
葉《は》っぱの色《いろ》が変《か》わる	42
葉《は》っぱの緑色《みどりいろ》	27、39
バラ作《づく》り	33
針《はり》なし注射器《ちゅうしゃき》	75
反射《はんしゃ》	27、40、45
反応《はんのう》	62、88
光《ひかり》の干渉《かんしょう》	45
光《ひかり》の屈折《くっせつ》	178
飛行機《ひこうき》	113、117
飛行機雲《ひこうきぐも》	113
比重《ひじゅう》	82、86

ヒツジの毛《け》　100
ヒマラヤ山脈《さんみゃく》（アジアの5つの国にまたがる）　156
表面張力《ひょうめんちょうりょく》　47
風媒花《ふうばいか》　12
節《ふし》　16、20
物質《ぶっしつ》の三態《さんたい》（固体、液体、気体）　66
ブラウン運動《うんどう》　159
プラスとマイナスの電気《でんき》　168
ブルーインパルス　116
ブルーベリー　42、87
閉塞前線《へいそくぜんせん》と停滞前線《ていたいぜんせん》　50

ま行　〈ページ〉

水鉄砲《みずでっぽう》　70
水《みず》の惑星《わくせい》　140
密度《みつど》　82
ミミズ　79

免疫細胞《めんえきさいぼう》　144
免疫力《めんえきりょく》　134

や行　〈ページ〉

夕焼《ゆうや》けの赤色《あかいろ》　119
雪《ゆき》　138
予防接種《よぼうせっしゅ》　134

ら行　〈ページ〉

落葉樹《らくようじゅ》と常緑樹《じょうりょくじゅ》　165
ランフォード（アメリカ合衆国生まれの物理学者）　157
離層《りそう》　42、165
ロゼット　164

わ行　〈ページ〉

ワクチン　131、136、146
綿毛《わたげ》　21
渡《わた》り鳥《どり》　153、156

おとなのかたへ

「身近なことに関心をもたせよう」

小学校や中学校にも招かれ、出前授業をさせてもらっています。生徒の方々が目をかがやかせて聞いてくれるのは本当に楽しいものです。特に私が見つけた光触媒《ひかりしょくばい》の応用の一つである、たとえば、鏡がくもらなくなる実験を演示しますと、生徒の方々がいっせいにおどろきの声をあげてくれます。

出前授業では光触媒のほかにも、身のまわりのおもしろい現象について話します。たとえば、なぜアメンボは水の上をスイスイと動けるのかとか、梅前線とは言わないのに、南の方から徐々に桜が咲き始める桜前線があるのはなぜか、アサガオの花は何をもとにして開く時間がきまっているのか……など。

先生方でも、空や海が青いのはなぜ、と生徒に質問されて答えられなくてこまってしまうこともあると思います。身のまわりのいろいろな現象を不思議に思って質問をしてくる子どもたちの感性はすばらしいものです。このすばらしい感性を大事にして、のばしてあげることが、理科が好きになるキッカケにもなります。

これからの児童・生徒たちはＳＤＧｓ《エスディージーズ》という大きなテーマに向き合っていかなければなりません。ＳＤＧｓには環境、エネルギー、食糧、医療、人権、性差など、多くの課題が含まれていますが、実は、理科の学びにはこれらの課題を考えるヒントがたくさんあります。だからこの本の題名は『思考理科――なぜ？からはじめようＳＤＧｓ――』となっているのです。

そしてもう一つ、理科という科目は社会、算数、芸術、国語とも密接な関係があります。現代社会は科学技術と切っても切り離せませんし、理科にはたくさんの数字が出てきます。そして理科の法則や実験は、みんながわかる文章で表現しなければなりません。芸術の深い理解には、光や音や五感の知識が大きくかかわってきます。

このように、理科を知ることによって他の教科の理解も深まってゆくことでしょう。

これは今までの本になかった観点になります。

お父さん、お母さんもこの本でいっしょに学んでください。お父さん同士、お母さん同士で是非、子どもの「なぜ」を話題にしてください。そして「なぜ」がわかったときには、大いに自慢しましょう。

二〇二三年七月

東京理科大学　栄誉教授　藤嶋　昭

〈監修〉藤嶋昭（ふじしま　あきら）

一九四二年、東京都生まれ。東京大学大学院博士課程修了。工学博士。専門は光触媒、機能材料。東京理科大学栄誉教授、東京大学特別栄誉教授。

日本化学会会長、日本学術会議会員などを歴任。日本化学会賞、日本学士院賞、恩賜発明賞、日本国際賞、文化功労者、ゲリッシャー賞、ガルバーニメダルなど受賞歴多数。

二〇一〇年に文化功労者、二〇一七年に文化勲章受章。

主な著書に『科学も感動から―光触媒を例にして』『時代を変えた科学者の名言』（ともに東京書籍）、『光触媒が未来をつくる』（岩波ジュニア新書）、『教えて！藤嶋昭先生　科学のギモン』（朝日学生新聞社）など多数。

〈監修〉
藤嶋 昭（ふじしま あきら）
東京理科大学 栄誉教授

〈著者〉
田中 幸（たなか みゆき）
サイエンスライター。長年、中学校や高等学校で理科を教えている。

結城千代子（ゆうき ちよこ）
サイエンスライター。長年、大学で教えながら、小学校生活科・理科、中学校科学の教科書執筆にたずさわっている。

2人の共著
『くっつくふしぎ』（福音館書店）、『新しい科学の話 1年生～6年生』（東京書籍）、『人物でよみとく物理』（朝日学生新聞社）、ワンダー・ラボラトリシリーズ『粒でできた世界』（太郎次郎社エディタス）など。

本書は2012年発行『新しい科学の話 1年生～6年生』（東京書籍）を底本として、SDGsの観点から構成・内容を一新いたしました。

思考理科《しこうりか》 —なぜ？からはじめようSDGs《エスディージーズ》—
第4巻 国語《こくご》の力《ちから》が身《み》につく理科《りか》
2023年9月13日 第1刷発行

●監修 藤嶋昭
●著者 田中幸／結城千代子
●発行者 渡辺能理夫
●発行所 東京書籍株式会社
東京都北区堀船2-17-1 〒114-8524
03-5390-7531（営業）
03-5390-7455（編集）
https://www.tokyo-shoseki.co.jp

●本文イラスト もろずみとしよ
●ブックデザイン 坂野公一（welle design）
●キャラクターデザイン ふくまさ
●編集協力／DTP 越海辰夫 柴田奈々（越海編集デザイン）
●印刷・製本 株式会社リーブルテック

ISBN 978-4-487-81704-7 C8040 NDC 408